环保公益性行业科研专项经费项目系列丛书

U0337143

国内外危险废物豁免管理实践

王 琪 主 编

杨玉飞 黄泽春 杨子良 副主编

中国环境出版社·北京

图书在版编目（ＣＩＰ）数据

国内外危险废物豁免管理实践 / 王琪主编. -- 北京
: 中国环境出版社，2012.7（2013.2重印）
　（环保公益性行业科研专项经费项目系列丛书）
　ISBN 978-7-5111-0967-5

　Ⅰ. ①国… Ⅱ. ①王… Ⅲ. ①危险材料－废物管理－
研究 Ⅳ. ①X7

中国版本图书馆CIP数据核字（2013）第024514号

出 版 人	王新程
策划编辑	丁莞歆
责任编辑	黄　颖
责任校对	尹　芳
装帧设计	马　晓

出版发行 中国环境出版社
　　　　　（100062　北京东城区广渠门内大街16号）
　　　　　网　　　址：http://www.cesp.com.cn
　　　　　电子邮箱：bjgl@cesp.com.cn
　　　　　联系电话：010-67112765（编辑管理部）
　　　　　　　　　　010-67175507（科技标准图书出版中心）
　　　　　发行热线：010-67125803, 010-67113405（传真）

印　　刷	北京市联华印刷厂
经　　销	各地新华书店
版　　次	2013年2月第一版
印　　次	2013年2月第二次印刷
开　　本	787×1092　1 / 16
印　　张	4.25
字　　数	100千字
定　　价	16.00元

《环保公益性行业科研专项经费项目系列丛书》
编委会

总　序

　　我国作为一个发展中的人口大国，资源环境问题是长期制约经济社会可持续发展的重大问题。党中央、国务院高度重视环境保护工作，提出了建设生态文明、建设资源节约型与环境友好型社会、推进环境保护历史性转变、让江河湖泊休养生息、节能减排是转方式调结构的重要抓手、环境保护是重大民生问题、探索中国环保新道路等一系列新理念新举措。在科学发展观的指导下，"十一五"环境保护工作成效显著，在经济增长超过预期的情况下，主要污染物减排任务超额完成，环境质量持续改善。

　　随着当前经济的高速增长，资源环境约束进一步强化，环境保护正处于负重爬坡的艰难阶段。治污减排的压力有增无减，环境质量改善的压力不断加大，防范环境风险的压力持续增加，确保核与辐射安全的压力继续加大，应对全球环境问题的压力急剧加大。要破解发展经济与保护环境的难点，解决影响可持续发展和群众健康的突出环境问题，确保环保工作不断上台阶出亮点，必须充分依靠科技创新和科技进步，构建强大坚实的科技支撑体系。

　　2006 年，我国发布了《国家中长期科学和技术发展规划纲要（2006—2020年）》（以下简称《规划纲要》），提出了建设创新型国家战略，科技事业进入了发展的快车道，环保科技也迎来了蓬勃发展的春天。为适应环境保护历史性转变和创新型国家建设的要求，原国家环境保护总局于 2006 年召开了第一次全国环保科技大会，出台了《关于增强环境科技创新能力的若干意见》，确立了科技兴环保战略，建设了环境科技创新体系、环境标准体系、环境技术管理体系三大工程。五年来，在广大环境科技工作者的努力下，水体污染控制与治理科技重大专项启动实施，科技投入持续增加，科技创新能力显著增强；发布了 502项新标准，现行国家标准达 1 263 项，环境标准体系建设实现了跨越式发展；完成了 100 余项环保技术文件的制修订工作，初步建成以重点行业污染防治技术政策、技术指南和工程技术规范为主要内容的国家环境技术管理体系。环境科技为全面完成"十一五"环保规划的各项任务起到了重要的引领和支撑作用。

为优化中央财政科技投入结构，支持市场机制不能有效配置资源的社会公益研究活动，"十一五"期间国家设立了公益性行业科研专项经费。根据财政部、科技部的总体部署，环保公益性行业科研专项紧密围绕《规划纲要》和《国家环境保护"十一五"科技发展规划》确定的重点领域和优先主题，立足环境管理中的科技需求，积极开展应急性、培育性、基础性科学研究。"十一五"期间，环境保护部组织实施了公益性行业科研专项项目234项，涉及大气、水、生态、土壤、固废、核与辐射等领域，共有包括中央级科研院所、高等院校、地方环保科研单位和企业等几百家单位参与，逐步形成了优势互补、团结协作、良性竞争、共同发展的环保科技"统一战线"。目前，专项取得了重要研究成果，提出了一系列控制污染和改善环境质量技术方案，形成一批环境监测预警和监督管理技术体系，研发出一批与生态环境保护、国际履约、核与辐射安全相关的关键技术，提出了一系列环境标准、指南和技术规范建议，为解决我国环境保护和环境管理中急需的成套技术和政策制定提供了重要的科技支撑。

为广泛共享"十一五"期间环保公益性行业科研专项项目研究成果，及时总结项目组织管理经验，环境保护部科技标准司组织出版"十一五"环保公益性行业科研专项经费项目系列丛书。该丛书汇集了一批专项研究的代表性成果，具有较强的学术性和实用性，可以说是环境领域不可多得的资料文献。丛书的组织出版，在科技管理上也是一次很好的尝试，我们希望通过这一尝试，能够进一步活跃环保科技的学术氛围，促进科技成果的转化与应用，为探索中国环保新道路提供有力的科技支撑。

中华人民共和国环境保护部副部长

吴晓青

2011 年 10 月

前　言

　　危险废物是指列入国家危险废物名录或者根据国家规定的危险废物鉴别标准和鉴别方法认定的具有危险性的废物。危险废物是可能对人体健康和环境造成危险或有害影响的废物，对人类环境造成巨大的威胁，因此危险废物管理是固体废物环境管理的重点。世界各国普遍对危险废物采取严格管理的制度。

　　我国是危险废物产生大国，每年产生危险废物 1 000 万 t，这些危险废物与新化学品的生产和使用几乎渗透到人类生产及生活过程的各个方面。目前各地产生、堆存的危险废物已对地下水、土壤甚至地表水造成了严重的污染，甚至造成了严重的人身伤亡事故，致使大面积水体和土地失去使用功能，由危险废物引发的环境污染和社会矛盾事件逐年增加。危险废物污染环境的防治事关人民群众生命健康，如不采取有效的措施防治危险废物的污染，将严重制约经济发展，影响社会稳定。

　　我国危险废物管理技术虽然有一定程度的发展，但是由于危险废物基础研究的薄弱和必要的科学技术支持不足，导致危险废物管理技术体系中还存在着各种缺陷，因此严重影响到危险废物环境管理的科学性、目的性和实效性。如对一些产生量较小、分散、危险性小的危险废物，以及对于含少量危险废物的固体废物如何处置的问题存在不少争论；同时对于经过一定的处理处置已经降低了危险性的危险废物是否可以进行综合利用，以及按什么标准来进行综合利用的问题也悬而未决。

　　由于危险废物的种类和性质千差万别，污染途径、污染程度等污染特性也差异极大，因此采用单一的末端治理将难以达到污染控制的目的。发达国家的经验表明，危险废物的管理应该以污染风险控制理论为依据，采用全过程控制和分类管理的手段实现防止和抑制危险废物对环境和人体健康的危害，同时对不同的危险废物采用不同的控制手段。而危险废物的豁免（排除）技术将是危险废物管理的有效手段。

　　我国危险废物环境风险管理和危险废物豁免理论和实践的研究还处于非常初级的阶段，远未达到有效应用的阶段。尚缺乏危险废物的环境风险评估与豁免（排除）标准，也没有建立完善的危险废物豁免（排除）体系。虽然有些地方管理部门认识到实施危险废物优先管理的重要性，但是由于缺乏必要的基础研究和方法学支持，在制定相关的法规、标准时往往缺乏针对性和可行性。

　　本书依托环保公益性行业科研专项经费项目"危险废物环境风险（豁免）控制技术研究"，对发达国家（主要是美国）危险废物豁免（排除）管理办法开展调查，深入分析并掌握美国危险废物豁免（排除）管理体系结构的特征、理论基础、方法学和实践效果，并提出我国建立危险废物管理体系的建议和技术路线。

目　录

第1章　国外危险废物豁免管理体系

1.1　美国危险废物豁免（排除）管理体系

1.1.1　美国危险废物豁免管理的类别

当今，多数国家在危险废物的豁免（排除）管理方面，还都刚刚起步，相关的研究和法规较少。相比而言，美国在危险废物的豁免（排除）管理方面开展较早，发展也更为成熟。

美国自第40册《美国联邦法规》(40 CFR) 规定中确定了《资源保护与再生法》(Resource Conservation and Recovery Act，RCRA) 第C章 (Subtitle C) 危险废物管理废物类型和鉴别法则以来。陆续发现，鉴别法则规定范围内的某些废物按危险废物进行管理存在很多不合理的地方。因此，RCRA 根据实际情况，多次对鉴别法则进行修订，通过补充排除和豁免条款，将某些废物排除出危险废物管理或豁免某些管理环节，并相应建立管理要求。

当危险废物管理不当时，人群或有机体将有可能与废物中的化学成分接触，从而造成不可避免的损害。USEPA（美国环境保护局）考虑过一个"合理的可能发生的"管理不当的事故场景，这种事故虽然可以避免，但却是在任何地方都可能存在的。然而，多年的废物管理经验使美国 USEPA 相信，没有必要去考虑由于管理不当发生最糟糕事故的情况。同时，随着对危险废物风险评估能力的不断提高，USEPA 认为 RCRA 中的相关法规对低风险的危险废物实行了过于严格的管理，从而给社会和危险废物生产者增加了不必要的、高额的处理处置费用。实际上，如果这些低风险的危险废物得到妥善管理，是不会对人体和环境造成危害的。因此，USEPA 在对人体和生态受体进行多路径风险评价的基础之上，于1995年开发并建议使用《危险废物鉴别法规》(Hazardous Waste Identification Rule，HWIR)。

USEPA 通过 HWIR 的立法对 RCRA 的危险废物鉴别过程做出许多创新性的规定。通过制定"混合"(Mixture)、"衍生"(Derived) 原则以及"包含"原则 (Contain-in policy)，使得危险组分含量较低的某些危险废物脱离 Subtitle C 管理，使得危险废物整个鉴别管理体系更具有弹性和适应性。

1.1.1.1　类别排除

（1）40 CFR 261.4（a）固体废物定义中的排除

RCRA Subtitle C 规定，40 CFR 261.4（a）中的废物不属于固体废物，因此自动排除在危险废物管理之外。这些废物主要包括：

1）生活污水（Domestic sewage）和生活污水混合物，以及其他通过污水系统排入公共处理设施的废物。

2）清洁水法（Clean Water Act）管理的工业废水。

3）灌溉回流水。

4）放射性废物：归原子能法（Atomic Energy Act）管理的放射源、特殊核物质及其副产品。

5）现场（In-situ）开采产生且滞留在现场的采矿废物。

6）造浆（纸浆）液体回收炉回收并用于造浆过程的造浆（纸浆）液体。但如果专门收集则依据固体废物定义进行管理。

7）用于生产纯硫酸的废硫酸。但如果专门收集则依据固体废物定义进行管理。

8）非特定行业的再生原料，累积周期不超过 12 个月，且在封闭体系内循环利用的废弃物。

9）回收用于木材防腐的废弃木材防腐剂以及废水。

10）不进行土地处置的焦炭制造业副产物。

11）飞溅的冷凝金属熔渣残余物：产生于金属高温冶炼过程。

12）石油精炼过程中产生的含油副产物和回收油。

13）可回收的残余（scrap）金属。

14）电路板碎片：不含汞开关、汞继电器、镍镉电池和锂电池。

15）牛皮纸（Kraft Mill）搅拌蒸馏剥离过程所产生的冷凝物。

16）一些可用作燃料的废物：为了促进高燃烧值物质回收利用，如果它们满足 261.38 的规定（气态燃料或类似的气态燃料排除（comparable/syngas fuel exclusion），对可以豁免的废物类别、废物中的污染物成分限值做了规定），作为燃料使用的物质可排除在固体废物定义之外。

17）选矿过程（Mineral Processing）中的废弃物。

18）石化行业从有机化工制造业回收的废油：当这些废油的危险性只表现为可燃性或含苯，并且这些废油被用于石油精炼过程中时，将其定义在固体废物之外。

19）石油精炼过程中产生的废碱，用于杂酚油或环烷烃酸生产中的给料。

20）符合条件且用于生产锌肥的具有一定危险性的再生原料。

21）由危险废物或 20）中具有一定危险性的再生原料生产的锌肥，如符合污染物含量限制，则可排除在固体废物之外。

22）出口或者再利用的废弃阴极射线管（CRTs）。

（2）40 CFR 261.4（b）危险废物定义中的排除

作为特殊规定，40 CFR 261.4（b）中规定的固体废物也被排除在 RCRA 法令之外。

1）排除的原因

危险废物定义中排除的废物主要有以下几种类型：

① 有些废物虽是危险废物，但它们的风险比较小。

② 一般性废物，来源分散、产生量小、分别计量难，严格按危险废物管理不现实（40 CFR 273.3）。

③ 废物在其他法规中已经得到足够的控制。

2）废物类型

RCRA 特殊规定的废物类型包括：

① 家庭源危险废物（Household Waste）：来自家庭环境（包括简单和复合居住区、宾馆、汽车旅馆、临时简易房、园林员驻扎区、乘务员居住区、野营地、野餐区以及日常休闲娱乐地）中的任何物质（包括垃圾、废弃物、化粪池中的卫生废物）。某些家庭源的固体废物含有危险化学物质，例如溶剂和农药，但是将这些家庭源危险废物按 RCRA 法令严格管理并不现实。家庭源危险废物包括：油漆和溶剂、机动车废物、杀虫剂、含汞废物、电子废物、喷雾剂、丙烷容器、腐蚀性物质、清洗剂、制冷剂和容器、电池、弹药、放射性废物。

② 农业废弃物：农作物生长、收割和动物养殖过程中产生并作为肥料返回土壤的废物。

③ 采矿过程中产生并用于回填的表面剥离物。

④ 煤或其他化石燃料燃烧产生的飞灰、底灰、炉渣和烟道废物。

⑤ 石油、天然气、地热开采开发以及相关过程中产生的废物（Drilling fluids, produced waters and other wastes）。

⑥ 测试结果显示废物中的铬全部（或几乎全部）都是三价铬，且废物在非氧化环境中管理，可从危险废物中排除，但铬超出危险废物鉴别标准的情况除外。

⑦ 矿石采选过程中产生的废物，包含磷酸盐矿石和铀矿开采的表面剥离物。

⑧ 没有焚烧危险废物的水泥窑粉尘。

⑨ 用含砷防腐剂处理的木材废物。

⑩ 危险废物代码在 D018-D043 之间的含油污染介质及残渣依照 part 208（Part 208: Landfill Gas Collection & Control Systems For Certain Municipal Solid Waste Landfills）进行管理。

⑪ 石油精炼、运输和销售过程中，回收碳氢化合物时注入的地下水。

⑫ 完全封闭的热交换设备中废弃并被回收的 CFCs（chlorofluorocarbon，氟利昂）制冷剂。

⑬ 通过重力热排干回收废油后，非镀铅锡的铁板电镀工艺中废弃的废油过滤器。

⑭ 用于生产沥青的废油再提炼蒸馏残渣。

⑮ 符合条件的垃圾填埋场产生的沥出物和气体冷凝物。

⑯ [Reserved]。

⑰ Ortho-McNeil 制药公司的高温催化氧化过程产生的低水平混合废物由于量少（小于 50 L/a）、每 6 个月向 USEPA 提交一次报告、没有工艺上的重要改变等原因，自 2005 年 6 月 27 日起获得为期 5 年的排除。

（3）其他排除

1）40 CFR 261.4（d）和（e）豁免在采样中用于检测废物特性和组成或开展处理研究的废物。

2）40 CFR 261.4（f）豁免用于开展危险废物处理研究的实验室或测试设施。

3）含 PCB 废物由《有毒物质控制法》（Toxic Substances Control Act，TSCA）管理。

4）石棉废物受清洁空气法管理[美国联邦法规第 40 册 61 部分第 M 章的空气清洁法中的石棉排放国家标准 Clean Air Act in 40 CFR Part 61，Subpart M（National Emissions

Standard for Asbestos）]。

1.1.1.2 危险废物小量生产者的有条件豁免（CESQG）

RCRA 的危险废物豁免，除按危险废物名录中的类型进行排除之外，自 20 世纪 70 年代开始，EPA 开始试行放宽对危险废物小量生产者的管理限制。1985 年，EPA 完成"国家小量危险废物生产者调查"，根据调查结果，正式实施了危险废物的分级管理，对于有条件豁免的小量生产者，只要求其自行对产生的危险废物进行管理、处理和处置，而无须进行申报登记。

（1）定义和管理要求

1984 年，美国在《危险废物和固体废物法律修正案》（HSWA）中，将危险废物生产者分为三类：① 大数量生产者（Large Quantity Generators）：指每月生产的危险废物数量大于 1 000 kg 或者急性危险废物数量大于 1 kg 的工厂或设施；② 小数量生产者（Small Quantity Generators）：指每月生产的危险废物数量在 100 kg 和 1 000 kg 之间，并且在任何时候累积的危险废物量小于 6 000 kg 的工厂或设施；③ 有条件豁免小量生产者（Conditionally Exempt Small Quantity Generators，CESQGs）：指的是每月生产的危险废物数量小于 100 kg 且急性危险废物不超过 1 kg，同时任何时候累积的危险废物量少于 1 000 kg，急性危险废物量小于 1 kg 的工厂或设施。

有条件豁免小量生产者的定义，是 1986 年在 40 CFR Part 261.5 颁布的。对有条件豁免小量生产者，其危险废物的处理、贮存和处置过程可以不必完全遵循危险废物管理规定。但是以下两种情况需要作为危险废物，遵循危险废物的所有管理规定管理：① CESQG 产生的废物与非危险废物混合后，混合物超过 CESQG 的限值，并表现出危险废物定义的危险特性；② CESQG 产生的废物与废油混合后，需遵循 40 CFR 279 规定的废油管理标准[废油中的卤素危险成分（part 261 附录Ⅷ）超过 1 000ppm 定义为危险废物]。

USEPA 制定了一系列的法规对有条件豁免小量生产者产生的废物进行特别管理。根据这些特别管理，有条件豁免小量生产者可以不再遵从一些为超过 100 kg/月的生产者规定的法规要求。如必须获得 EPA 所分配的危险废物鉴别号，运输危险废物时使用转移联单，每两年向 EPA 提交报告，必须将产生的危险废物运送至 Subtitle C 批准的有经营许可证的设施中进行处理等要求。但是，有条件豁免小量生产者却必须负责对他们产生的危险废物进行合理的管理，包括交付于所在州批准、许可或注册的固体废物管理设施中，或者送至 Subtitle C 批准的管理设施中等。

表 1-1 美国危险废物生产者分类和管理要求

要求		CESQG	SQG	LQG
产量/（kg/月）	危险废物	≤100	100～1 000	＞1 000
	急性毒性危险废物	≤1	≤1	—
累积贮存量/kg	危险废物	≤1 000 kg		
	急性毒性危险废物	≤1		
可以接收的设施类型		州批准、RCRA 批准、试运行设施	RCRA 批准、试运行设施	RCRA 批准、试运行设施
EPA ID		不要求	要求	要求

要求	CESQG	SQG	LQG
RCRA 培训	不要求	基础培训	要求
例外报告	不要求	60 天内	45 天内
两年报告	不要求	不要求	要求
贮存期限	无	180 天	90 天
贮存条件	无	容器基本技术标准要求	完全符合要求的容器管理要求
转移联单	不要求	要求	要求
应急预案	不要求	不要求	要求

由表 1-1 分析可知，对于有条件豁免小量生产者，其无论在何种贮存条件下，风险都在可以接受的范围；同时，由于各环节都没有应急预案，其运输过程的风险较低可以接受；唯一要求的是必须送至地方批准的设施中进行处理处置或综合利用（类似于我国的备案管理制度）。因此，我国制定危险废物豁免管理制度也可以从评估贮存、运输、处置 3 个环节的环境风险入手。

（2）美国 CESQG 的主要特点

在制定 CESQG 政策之前，美国 EPA 收集了有关 CESQG 的信息，包括设施的数量、废物量、主要的废物产生行业、主要的废物类型、废物管理水平等。

1985 年 EPA 启动"国家小量危险废物生产者调查"（National Small Quantity Hazardous Waste Generator Survey），对全国范围内的 CESQG 设施开展全面调查，涵盖了 125 个行业。调查显示，CESQG 数目大约有 45 500 个，其中制造行业占 20%，非制造行业占 80%。CESQG产生的危险废物量占危险废物总量的 0.07%，其中制造行业占 12%，非制造行业占 88%。非制造行业中，机动车维修的设施数占 54%，产生的废物量占 71%，其他的非制造行业包括：干洗业、殡葬业、建筑清洗和维修业、建筑业、农药施用服务业、照片冲洗等。主要的制造业包括：金属制造、印刷业和制陶业（图 1-1、图 1-2）。

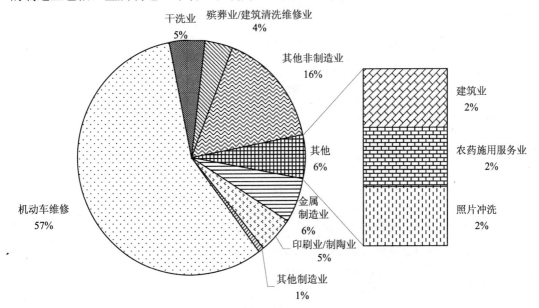

图 1-1　不同行业 CESQG 废物产生量比例

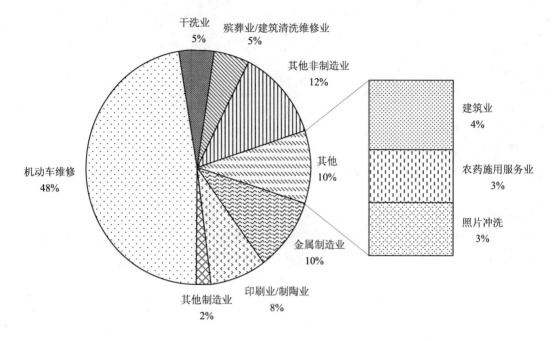

图 1-2　不同行业 CESQG 设施数量比例

在 CESQG 产生的废物中，废铅酸蓄电池占 61%，其他主要废物包括：废溶剂/蒸馏底渣、干洗过滤残渣、照片冲洗废物、甲醛、废酸/碱等（图 1-3）。

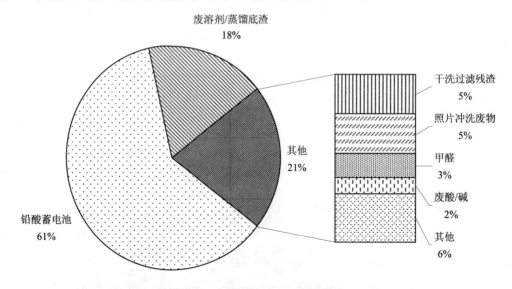

图 1-3　主要的 CESQG 废物类型

（3）CESQG 的处置现状

USEPA "国家小量危险废物生产者调查" 结果显示，在 CESQG 主要的 22 个行业产生的 121 600 t 危险废物中，约 80%是异地处置（off-site），其中 73%回收利用，10%固体废物填埋场填埋处置，2%危险废物填埋场填埋处置，15%其他方式处置。剩下的 20%现场处置（on-site），现场处置主要是指排入下水管道或化粪池。

目前可以接收 CESQG 危险废物的设施，主要有：制造企业自有的处置设施；商业处置设施；建筑废物填埋场。CESQG 危险废物通过这些设施与其他固体废物共处置。

1.1.1.3 低风险豁免

除了对符合排除条件的危险废物直接进行类别排除，对数目庞大而难以进行管理危险性却不高的小量生产者进行有条件豁免之外，USEPA 认为，对于其他废物进行统一管理仍然不合理，因为部分危险废物进行简单处理之后，对人体健康或生态环境的威胁将大大降低。美国 1995 年制定的《危险废物鉴别法规》（HWIR），为低风险危险废物的鉴别提供了法律依据。

（1）空容器豁免

40 CFR 261.7 规定空容器中的残留废物或内衬不属于危险废物，这里的空容器指以下几种情况。

1）压缩气体类的危险废物容器：如果其容器气体压力与大气压相同，可以认为是空容器。

2）急性毒性危险废物的容器和内衬：采用合适的容器清洗 3 次或其他同等效果的处理方法去除急性毒性物质后；或者容器采用内衬避免外壳与化学品接触，在除去内衬后可作为空容器。

3）其他危险废物的容器和内衬：移除废物后，容器或内衬底部残余小于 2.5cm；同时，容积低于 110 加仑的容器内，残余废物不超过容器或内衬总容量的 3%；超过 110 加仑的容器内，残余废物不超过容器或内衬总容量的 0.3%。

（2）基于风险水平的（Risk-based Exemption Level）豁免

HWIR 豁免规定，名录中的危险废物如果满足特定化学物质豁免水平，可以作为非危险废物管理。HWIR 豁免主要是为了修正名录中的危险废物不论是否含有危险组分或组分含量多少，不论是否处理过，都作为危险废物管理的现状。EPA 相信，HWIR 豁免可以降低对低风险废物的过度管理，节约企业和管理部门的时间和资源。

USEPA 计划通过多介质、多路径、多受体风险评价模型（Multi-media，Multi-pathway and Multi-receptor risk assessment，3MRA）建立低风险废物豁免标准。这些废物包括危险特性确定的危险废物、危险名录中的危险废物，以及与之混合产生的固体废物。如果废物危险特性低于豁免标准，就可以从 Subtitle C 的管理中得到豁免，而只需要作为 Subtitle D 废物进行处置。

3MRA 模型运行之前，首先需要确定名录列出的危险废物中存在或可能存在的化学物质，即建立 HWIR 豁免化学品清单（The HWIR Exemption Chemicals List）后，才能进一步确定危险废物的潜在风险。EPA 建立 HWIR 豁免化学品清单的过程包括：① 首先通过对比 RCRA 不同规定中的清单，在去掉其中重复的部分后，组合成一个"Master List"；② 在研究 Master List 中化学品的化学性质和测试方法的基础上，去除部分化学物质，包括：生物或化学反应强、环境和废物中快速水解、室温条件下呈气态的化学物质；③ 形成 HWIR 豁免化学品清单。

在 HWIR 法规中体现的思想主要有：

1）豁免管理体系以企业行为为主：它要求生产者完成抽样、样品分析，通告和证明要求，同时要求生产者判断产生的废物是否满足豁免的标准。

2）豁免标准以保护人类健康和环境为基础，而不是以技术水平能够达到的程度作为基础；此外，豁免标准建立与所用处置方法相关（如土地填埋和土地处理）。

3）如果从 Subtitle C 法规中豁免的废物表现出危险特性，那么废物仍需当作危险废物进行管理，直至消除这些特性。

1.1.1.4 混合和衍生条件下的豁免

（1）不同条件下的混合和衍生原则

对特性鉴别危险废物和名录鉴别危险废物，RCRA 在混合和衍生规则上有所不同。

1）特性鉴别危险废物在混合和衍生规则下的豁免

对特性鉴别的危险废物，只要求混合物或处理后的残渣满足危险废物特性鉴别的要求，就可以豁免，具体规定有以下两条：

① 固体废物和特性危险废物混合后，没有表现出危险废物特性；

② 特性危险废物经过处理后，其残渣没有表现出危险废物特性。

2）名录鉴别危险废物的混合和衍生规则

对于名录鉴别的危险废物，由于判断混合物和处理产物是否对人体和环境具有危险较困难，RCRA 对名录中的危险废物制定了较为严格的混合原则和衍生原则：

① RCRA 的混合规则（Mixture Rule）

40 CFR 261.3（a）（2）（iii）&（iv）中定义的"任何数量的固体废物与名录中危险废物的混合物仍作为危险废物管理"。混合规则主要是为了防止废物产生者通过将危险废物和其他废物混合，稀释或掩盖其中的危险组分，使得混合物不满足危险废物的定义和特征，从而逃避危险废物的管理规定。

② RCRA 的衍生规则（Derived-from Rule）

40 CFR 261.3（c）（2）（i）中定义的"名录中的危险废物处理、贮存和处置过程和设施经常产生残渣（或二次废物），这些废物可能包含高浓度的危险化学成分，从危险废物中衍生出的任何物质（或残渣）仍作为危险废物管理"。混合规则主要是为了防止废物产生者通过很少的处理或其他方式改变危险废物，然后声称这些残余物不再满足危险废物的定义。

（2）衍生规则下的豁免

衍生规则下的豁免主要包括两种类型：

1）从危险废物中得到回收利用的材料（40 CFR 261.2 和 261.9）。

这种豁免的主要依据是，从危险废物中回收得到的有用材料已经不属于固体废物，因此应该从危险废物管理中得到豁免。

2）经过特定处理的特定废物，包括以下 5 类。

① 钢铁工业中废弃的表面处理液和处理污泥（K062）。此类废物是处理完钢铁表面的酸性液体，废液中主要含酸和有毒重金属。这种废物经过石灰进行稳定化处理后，酸性得到中和，而重金属与污泥结合也降低了其危险性。研究表明此类危险废物经石灰稳定化处理后产生的污泥，危险性不足以列入危险废物。

② 可回收燃料燃烧产生的废物。

③ 氨基甲酸酯和甲酰肟生产过程产生的有机废物（K156）和氨基甲酸酯和甲酰肟生产过程产生的有机废水（K157）类废物的生物处理污泥。

④ 从炼油过程中的废加氢处理催化剂（K171）和炼油过程中的废深度处理催化剂（K172）类废物中分离出来的催化剂和钝化剂。

⑤ 电炉炼钢生产中的烟气粉尘和废水处理污泥（K061）、钢铁生产中深加工过程的酸洗废水和污泥（K062）和电镀废水处理污泥（F006）废物经高温回收金属后产生的残渣。

（3）废水处理豁免（Headworks Rule Exemptions）

40 CFR 261.3（a）（2）（iv）（A）-（G）中的豁免是针对废水处理过程的豁免，即"Headworks Rule"豁免，是一种特殊的混合规则豁免。由于许多工业设施在产生大量非危险废水（主要废物流）的同时，也产生少量的符合名录鉴别和特性鉴别特性的二级危险废物流，将这些二级废物流与主要废物流混合一起排入废水处理设施，是一种比较现实的处理方法。Headworks Rule 豁免针对这一问题，主要的豁免要求如下：

1）261.31 目录中的四氯化碳、四氯乙烯和三氯乙烯，每周的使用量不超过设施废水处理或预处理系统每周总流量的 $1/10^6$。

2）261.31 目录中的亚甲基氯化物、1,1,1-三氯乙烷、氯苯、邻二氯苯、甲酚、甲基苯酚、硝基苯、甲苯、丁酮、二硫化碳、异丁醇、嘧啶、废弃的氟利昂，每周的使用量不超过设施废水处理或预处理系统每周总流量的 $25/10^6$。

3）作为原料或产品，在工艺过程中少量遗洒（De minimis Losses）的 261.31-261.33 目录中的废弃商品化学品或中间体。

4）实验室操作产生的毒性废水，年平均流量不超过设施废水处理或预处理系统废水总流量的 $1/100$，且设施废水处理或预处理系统的年平均浓度不超过 $1/10^6$。

5）261.32 目录中的氨基甲酸盐、氨基甲酰肟生产工艺废水，每周甲醛、甲基氯化物、亚甲基氯化物、三乙胺以及其他在生产过程中未反应、分解、回收的原料的总使用量，不超过设施废水处理系统周平均流量的 $5/10^6$。

6）261.32 目录中的氨基甲酸盐、氨基甲酰肟生产工艺产生的有机废物，甲醛、甲基氯化物、亚甲基氯化物、三乙胺在稀释之前的浓度不超过 5 mg/L。

（4）包含方针（Contained-in Policy）下的排除

包含方针实际上是混合和衍生规则中的一项特殊方针，主要应用于受危险废物污染的环境介质和残渣。在混合和衍生规则下，受危险废物污染的环境介质和残渣应作为危险废物管理。这种严格的规定要求挖掘或拆除的物质都按危险废物管理要求进行处理和操作，一定程度上会影响环境清理的过程。另外，通常来说，污染介质中污染物的浓度都比较低，但是污染介质本身数量巨大，都按危险废物管理显然不合理。

1996 年 4 月 29 日，提出建立危险废物鉴别法规中污染介质（如污染土壤）的鉴别（HWIR-media）规定的建议，建议对污染介质管理进行多方面的修改，其中包括将污染介质和其他修复废物从 Subtile C 管理中排除出去。然而，由于种种原因，在 HWIR-media 最终规定中只保留了"挖掘废物如果在海洋保护法、研究和保护法和清洁水法允许的适当的管理下，可以从 Subtitle C 管理中排除"这一条排除规定。另外，增加了一种新的管理设施——"Staging Pile"，使得清理过程中，修复废物的临时贮存更为灵活。

1.1.1.5 废物产生源个体豁免

RCRA Subtitle C 管理的废物获得豁免的方法有两种。对于特性危险废物而言，豁免过程相对简单，只要危险特性去除并满足土地处置的要求，就可以从 Subtitle C 的管理要求中豁免。而对于名录中的危险废物，不管其造成危险多大，都必须遵照 Subtitle C 的管理要求。这就可能导致将某些不会对人体健康和环境造成威胁的废物按危险废物管理。危险废物名录中的设施，由于工艺和原料的差异，产生废物的特性也可能存在差别。另外，废物处理技术也可以去除废物的有害成分。因此，RCRA 提供了一个排除（或称删除）程序，使得某个设施产生的废物流，可以通过申请从危险废物管理名录中删除，即 Delisting 程序。实际上，申请删除是名录中危险废物获得豁免的唯一方法。

（1）申请删除的法律依据

40 CFR 260 规定，危险废物的产生者和危险废物处理、贮存和处置设施（TSDFs）均可申请特殊废物的豁免（排除），申请危险废物豁免（排除）包括以下 3 种类型：

1）申请修改或撤回关于危险废物的任何规定。即申请某种废物的完全删除，申请者必须按 260.22 的规定提供测试、研究和其他信息，证明申请的合理性。

2）申请删除某些特定设施产生的危险废物。申请删除必须证明废物不满足 260.22 中规定的作为危险废物的标准。

3）申请固体废物类别变化。对某些可回收物质，EPA 的区域管理人可以批准改变固体废物分类的申请。

（2）基本程序

1）提交申请

申请删除是针对单独的处理设施进行的，不同的设施即使主要作用过程和原料相似，也应该单独申请。申请人需提交的材料包括：

① 管理信息，包括：申请者基本信息、设施基本信息和其他的证明材料。

② 废物和废物管理信息，包括：废物的平均产量、最大产量、管理历史等。

③ 废物管理处置信息，包括一般信息和特殊信息。一般信息包括：一般操作、加工过程、废物处理过程、加工原料和废物管理措施等。特殊信息主要是针对预先排除的情况或针对多个废物流的处理设施。

④ 分析方案。

⑤ 取样方案，取样的数目和时间必须具有代表性。

⑥ 取样分析结果。

⑦ 地下水监测信息。

2）EPA 形式审查

EPA 形式审查主要审查申请人提交的信息是否充分，以此为依据决定是否进一步进行技术审查。对提交信息不足的情况，EPA 可以要求申请人在规定的时间内（6 个月）提交附加信息。如果提交的信息严重不足，EPA 可以直接拒绝申请。

3）技术审查

技术审查阶段 EPA 采用废物迁移和归趋模型对废物的潜在环境风险进行预测。EPA 现行的删除申请评估主要采用 EPA's Composite Model for Landfills（EPACML）填埋复合模型，这一模型主要用于预测危险成分在土壤和地下水中的迁移。目前，危险废物删除的风险评价（Delisting Risk Assessment Software，DRAS）工具包是 EPA 评估删除申请的主要工具。EPA 通过输入废物量和废物测试数据（例如，TCLP），计算危险组分迁移到地下水井中的浓度。通过对比计算浓度和健康基准 [例如，最大污染水平（Maximum Contaminant Levels，MCLs）]，来确定危险组分的风险。在 EPACML 模型之前，EPA 还使用过垂直水平扩散模型（Vertical and Horizontal Spread，VHS）和有机物淋溶模型（Organic Leaching Model，OLM）作为删除申请的评估工具。1997 年以后，USEPA 逐步采用 3MRA 模型系统。

在某些情况下，EPA 还会在技术评估中考虑地下水监测数据（54 FR 41930；1989）。这通常用于通过土地处理单元管理废物的情况。EPA 通过收集最上层含水层监测数据来评价申请删除的废物对环境是否有不良的影响。

4）颁布

技术审查之后，EPA 必须在联邦注册（Federal Register）上公布审查结果。将申请者的资料和其他支撑材料在 RCRA 的诉讼事件中公示 45 天，收集公众意见，最后在联邦注册上公告。

（3）排除的形式

经申请后批准排除的形式类型有如下 3 种：

1）标准排除（Standard Exclusions）

260.22 规定的排除或删除。一旦名录中的废物获准标准排除，除了必要的特性测试外，不需要更多的其他测试。标准排除包括以下两种类型：

① 废物源的标准排除：正在产生并将继续产生废物的废物源。

② 一次性排除：不连续的废物，主要指过去产生的废物，例如表面塘中贮存的废物。

2）有条件排除（Conditional Exclusions）

有条件排除主要是针对组成不稳定的废物，申请者在废物处置前必须按 EPA 的要求进行某些测试。

3）预先排除（Upfront Exclusions）

预先排除是有条件排除的一种特殊形式，主要针对将要产生的废物，例如设计中的焚烧炉的残渣等。申请人需要提交中试规模或示范规模的测试数据、未处理废物的特性以及处理过程的详细描述。在处理过程正式运行后，申请人应开展进一步的测试，证明系统是按照申请条件运行的，而且符合申请删除的标准。

1.1.2　美国危险废物豁免管理风险评价的主要模型

危险废物风险评价的总体思路建立在危险源到环境受体之间关系的基础上，进一步通过危害剂量的计算，评估危险废物造成危害的可能性和结果。

危险废物管理风险评价的工作内容主要包括：建立概念模型、建立各类场地的暴露场景、确定源—途径—受体的迁移模型、定量分析（图 1-4）。目前开展风险评价的方法和工具多种多样，而且处在不断的发展过程中，根据所需要评价的风险问题，大致分为以下 3 类：

（1）来源阶段（Source Term）风险

来源阶段的风险来自于一个初始事件或一系列事件的组合引起环境泄漏，这些事件包括：火灾、填埋气爆炸、收集槽失火、不相容废物的混合、填埋场衬层失效、处理试剂和贮存废物清单丢失等。

（2）暴露途径（Pathway）风险

暴露途径风险指的是初始泄漏事件发生后，环境受体暴露到危险中的可能途径，这些暴露途径包括：焚烧炉烟囱下风向烟羽接地面、渗漏液向取水点移动，以及面对堆肥设施的窗户暴露在生物气溶胶下等。

（3）受体（Receptor）危害风险

受体危害风险是暴露的最终结果，主要包括：毒性或窒息性气体暴露下对人体健康或生态环境的危害，由于危险废物非法排放导致生物废水处理系统受到超负荷的毒性危害、封闭处理设施中工人受到的职业健康影响，以及医疗废物管理操作中受到针刺伤害等。

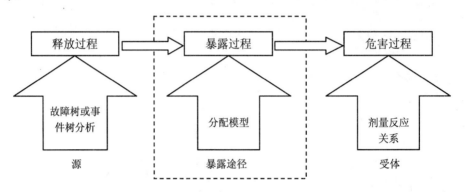

图 1-4　危险废物风险评价的概念模型

1.1.2.1 风险评价的常用评价指标

（1）致癌风险水平（Cancer Risk Level）

致癌风险水平表征个体在生命周期内因某种化学物的潜在暴露导致患癌症概率的提高。在 RCRA 的危险废物纳入程序中将 10^{-6} 作为排除危险废物的标准，将 10^{-5} 作为纳入候选危险废物的标准。

$$Risk = CSF \times CDI$$

式中，Risk 为个体终生得癌概率；CSF 为致癌斜率（$mg\,kg^{-1}\,d^{-1}$）；CDI 为终生日平均摄入剂量。

（2）人体健康危险系数（Human Health Hazard Quotient，HQ）

人体健康危险系数表征因某种化学物的潜在暴露导致的非癌症风险。HQ 是人体摄入化学物的剂量（ADD）与参考剂量（RfD）或吸入化学物的浓度（C）与参考浓度（RfC）的比值，表达式为：

$$HQ = \frac{ADD}{RfD} \text{ 或 } HQ = \frac{C}{RfC}$$

在实际应用过程中，多采用的 HQ 判断标准为 1。

（3）生态危险系数（Ecological Hazard Quotient）

生态危险系数与人体健康危险系数类似，所不同的是暴露估算采用生态毒性而不是人体健康的 RfD 和 RfC。目前，US EPA 采用两类毒性值：① 生态基准值[mg/（kg·d）]；② 化学应激浓度（chemical stressor concentration limit，CSCL）。针对不同群体，目前的生态危险系数判断标准有 1 和 10 两种。

（4）总体百分位数（Population Percentile）

总体百分位数表征指定环境中特定风险水平和危险系数防护的人口百分比。针对不同群体，目前的总体百分位数判断标准有 99% 和 95% 两种。

（5）防护概率（Probability of Protection）

防护概率的定义是废物管理设施（WMU）满足总体百分位数判断标准的百分率。针对不同群体，目前的防护概率判断标准有 95% 和 90% 两种。

1.1.2.2 美国 EPA 实施豁免管理的主要风险评价模型

（1）DRAS 模型

Delisting Risk Assessment Software（DRAS）是美国 EPA 为及时评估删除申请而开发的风险评价工作包，DRAS 包含筛选水平分析和累积风险/危险两种分析，分析的初始事件主要包括填埋和表面塘两类。

（2）3MRA 模型

随着风险评价方法的不断发展，EPA 对改进风险评价模型的需求也与日俱增。此前 RCRA 的风险评价一般只关注污染物释放到地下水、焚烧炉排放到大气中这些过程。随着 RCRA 监管范围的不断扩大，面临几百种化学成分、几千种废物流、多种废物管理行为、从回收利用到最终处置等多方面的问题，进一步加剧了 EPA 对新的风险评价模型的需求。

因此，伴随建立 HWIR 规定的需要，EPA 固体废物办公室（OSW）在对现有风险评价方法和 HWIR 方法学评估的基础上，于 1997 年，和研究开发办公室（ORD）开始共同发展 3MRA 的模型系统。

1.1.3 申请删除实施效果评估

为执行 1993 年的《政府绩效与结果法》（Government Performance and Results Act，GPRA），EPA 对申请删除程序 20 年来（1980—1999 年）的执行效果进行了评估。主要评估项目包括：成本节约和累计经济效果；申请删除对环境的影响；申请删除对 RCRA 危险废物管理程序的影响。

1.1.3.1 申请删除实施概况

20 年间，美国 EPA 共收到 906 个申请，批准了其中 115 个设施产生的 136 个废物源（流）的删除申请，共有 4 500 万 t 危险废物从 Subtitle C 的管理要求中排除，其中 80% 是废水。获准排除的废物中电镀废物（F006）最多，包括 51 种废物。具体情况如图 1-5 和表 1-2 所示。

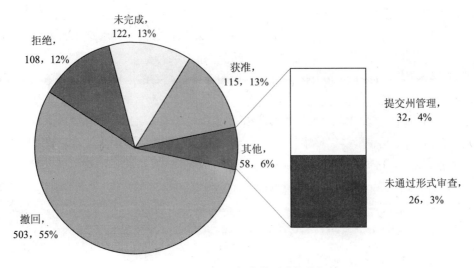

图 1-5 1980—1999 年申请删除的执行情况

表 1-2 申请删除的废物流概况

废物类型	数目	废水	工艺废物	废水处理污泥	其他处理废物	污染介质
废溶剂 （F001—F005）	21 （15%）	3	6	6	6	—
电镀废物（F006，F009，F019）	69 （51%）	—	3	60	5	1
二噁英类废物 （F020—F028）	9 （7%）	2	—	—	7	—
石油 （K048，K051）	3 （2%）	—	—	1	1	1
钢铁 （K060，K062）	10 （7%）	—	2	2	6	—
氯碱 （K071，K106）	12 （9%）	—	8	1	3	—
混合	12 （9%）	1	—	4	6	1
总数	136 （100%）	6	19	74	34	3
占废物流总数的比例	100%	4%	14%	54%	25%	2%

从表 1-2 可以看出，申请删除的废物组成具有以下特点：

1）产生于生产过程中的废物不到废物流数的 15%，主要删除的废物为处理过程的残渣和废水。

2）废水处理污泥数超过删除废物数的一半。

3）虽然废水只占删除废物流数的 4%，但是废物量是最大的。

4）26%的废物流不是连续产生的，只是一次性产生的。

从获得删除的设施规模上看，小量生产者大约只占 10%，其主要原因是小量生产者负担申请费用有一定的困难。从这个角度上看，申请删除可能更适合于大量生产者。

1.1.3.2 经济效果

与申请删除程序有关的社会成本节约情况，是通过计算删除程序操作过程的管理费用，以及废物处理处置节约的费用得到的。20 年来，申请删除程序的总管理成本大约 1.07 亿~2.26 亿美元，其中申请者的成本占 70%~85%。

申请删除程序最明显同时也是最重要的效果来自废物管理成本的下降。RCRA 危险废物的管理成本明显高于非危险废物。20 年来，由申请删除带来的成本节约呈上升的趋势（图 1-6）。累计成本节约达 13.6 亿~24.9 亿美元，平均每年节省费用 1.05 亿美元。扣除管理成本后，节省成本 11.7 亿~23.8 亿美元。

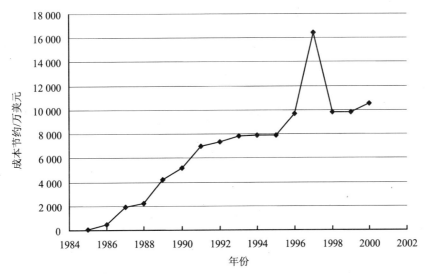

图 1-6　1985—2000 年申请删除带来的成本节约呈增长趋势

1.1.3.3 环境影响

申请排除的基本前提是，排除的废物即使不在 RCRA Subtitle C 的指导方针下管理，也不会对人体或环境造成明显威胁。而删除决定是基于合理的最坏场景假设的条件下，污染物的归宿和迁移分析的基础上作出的。申请删除对环境的影响尚不清楚，但到目前为止，还没有足够理由怀疑申请删除导致环境问题。

申请删除带来的环境质量改进是制定删除程序之初没有预料到的。某些设施为使其废物达到可删除的标准，对废物进行了额外的处理。而这些处理抑制了危险组分在环境中的释放。另外，EPA 在申请删除的审查中注意到，一些公司在废物管理成本下降后，会把资金用于其他的环境项目中。同样推动环境质量的改善。

1.1.3.4 对废物回收的影响

在 RCRA Subtitle C 规定框架内，危险废物处理处置成本较高，对废物回收和资源再生具有激励作用。但在某些情况下，由于申请删除降低了处理处置成本，对废物的回收可能造成负面的影响。

1995 年，申请删除程序豁免了 30.6 t 经化学稳定化处理的电弧炉（EAF）灰。美国产生的 EAF 灰中，超过 85%的被回收用于再生 Zn。在申请删除行为之前，这种回收 Zn 大约占美国 Zn 产量的 30%。研究表明，删除行为可能使得这种废物从资源回收向化学稳定后填埋处置转移。

也有其他例子显示删除程序对废物回收具有促进作用。申请删除程序曾经豁免用于肥料的 1.2 t 泻湖污泥，而在删除之前，这些废物只能通过焚烧处理。

1.1.4 CESQG 实施效果评估

1.1.4.1 CESQG 概况

自 20 世纪 70 年代起，美国 EPA 开始根据危险废物产生量的大小，对危险废物产生者进行分级别管理，其中最重要的举措就是对小量生产者的豁免。通过对全美国危险废物小量生产者的调查（National SQG Survey），EPA 掌握了美国的小量生产者产生的废物类型、废物量、分布、当前的处理处置和管理情况。以此为根据，EPA 豁免了危险废物有条件豁免的小量生产者（CESQG，每月危险废物产生量低于 100 kg 且急性危险废物产生量低于 1 kg）的申报登记、应急预案、转移联单等程序，并且允许 CESQG 将其产生危险废物交付于经所在州授权的 Subtitle D 废物处理设施进行处理，为 CESQG 节省了危险废物管理成本。

1.1.4.2 经济效果

美国 EPA 认为，如果将 CESQG 产生的危险废物都作为危险废物管理，那么将涉及多个方面的成本上升：① 如果仍然在原先的 Subtitle D 处理处置设施进行处理，那么必须将其升级到 Subtitle C 标准；② 如果采用将危险废物与非危险废物分离的方法，那么就需要增加分离的成本；③ 如果交付给其他符合 Subtitle C 标准的设施处理，那么就需要额外的运输和处理费用；④ 国家需要对此进行全方面管理，导致管理成本上升；⑤ 其他相关的成本，比如对地下水或地表水的监测等。

通过上述方法，美国 EPA 计算出 CESQG 政策的实施每年直接带来的成本节约为 1 200 多万美元。

1.2 欧盟危险废物豁免管理体系

除美国 EPA 外，欧盟环境署也对危险废物执行有弹性的管理体系。由于制度上的不同，与美国 EPA 统一全面管理全国范围的废物相比，欧盟环境署只能通过制定相关指令，指导各成员国对危险废物进行管理。

欧盟按照废物的类别对废物进行管理，主要包括六个指令，指令 2006/12/EC（on waste）是废物管理的基础，对所有废物的管理做了框架式的基本规定，指令 91/689/EEC（on hazardous waste）是专门针对危险废物的，指令 1999/31/EC（on the landfill of waste）主要针对垃圾填埋场的废物处理，75/439/EEC（on waste oils）、86/278/EEC（on sewage sludge）和 94/62/EC（on packaging and packaging waste）则分别用于废油、污泥和包装废物的管理。

在豁免（排除）管理方面，排放入大气的气体污染物由于不是固体废物，被排除在指令 2006/12/EC 管理范围之外，下列废物由于已经有其他指令管理而排除在指令 2006/12/EC 管理范围之外：

1）放射性废物；

2）采矿业相关废物；

3）农业废物：动物尸体、排泄物等天然产生的农业废物；

4）废水（不包括液体废物）；

5）已退役的爆炸物。

根据指令 2006/12/EC，所有进行废物处理的企业都必须获得许可，许可的内容应包括：① 废物类型和废物量；② 技术要求；③ 安全措施；④ 处置场所；⑤ 处置方法等。但是，如果该企业是出于回收利用的目的处置本企业产生的废物，并经权威部门认定废物回收不会导致环境风险，即便该废物是危险废物，也可以在向环保局登记后从本指令中豁免，不必遵从获得许可的管理制度。

与普通废物的管理相比，欧盟对危险废物的管理要严格许多。所有危险废物的处理处置除了必须符合 2006/12/EC 的规定之外，还必须严格按照 91/689/EEC 的规定，对危险废物进行更加严格的管理和监测。指令 91/689/EEC 主要包括以下内容：

1）危险废物的定义（Article 1），家庭废物被排除在危险废物之外；

2）禁止将危险废物与其他危险或非危险废物混合（Article 2）；

3）明确了用于处理危险废物的设施和企业的许可要求（Article 3）；

4）对危险废物产生者定期检查并要求其保持记录（Article 4）；

5）危险废物的收集、运输和储存都应合理的包装和标记（Article 5）；

6）危险废物的管理计划（Article 6）。

欧盟指令 91/689/EEC 中规定，如果成员国的某些设施采取了措施能够保证人体健康和环境安全，那么，在向管理部门登记并通报欧盟委员会和其他成员国取得认可后，回收危险废物的设施和企业可以从 91/689/EEC 的许可要求中豁免。

欧盟规定禁止将危险废物与其他危险废物或非危险废物进行混合，在必要的情况下，如果技术和经济上允许，已经混合的危险废物应该进行分离。但是在确保混合处理处置和回收的安全性的情况下，相关设施和企业可从 91/689/EEC 中禁止混合的条款中豁免，而遵从指令 2006/12/EC 中较为宽松的处理方式。比如在匈牙利，如果完全满足以下所有条件，经由环保部门的许可，危险废物可与其他物质混合：

1）混合能够增加废物回收或处理处置的效率；

2）相对于原始状态，混合没有增加环境危害；

3）混合不会给人或其他生物、水、空气、土壤等带来任何风险；

4）混合不会导致任何的噪声和异味；

5）不会因为混合操作或之后的处理而产生环境污染。

指令 75/439/EEC 中对废油的管理体现了小量豁免的思想，指令 75/439/EEC 规定，产生、收集或处理废油的企业，必须详细记录废油的总量、品质、来源和位置，并将这些记录上报于职能部门。但是如果低于一定的量(各个成员国可自行规定,但不可超过 500 L/a),则可以不必遵从上述管理规定。

2008 年底,出于鼓励废物回收和建设循环型社会的目的,欧盟颁布了针对废物的最新指令 2008/98/EC,该指令将于 2010 年 12 月 12 日起全面取代指令 75/439/EEC、91/689/EEC 和 2006/12/EC。该指令对废物进行了重新定义,不再指定废物的种类,而将废物定义为"持有者丢弃或准备丢弃或被要求丢弃的物质",从而将副产品、可以重新加工利用的不合格产品等可回收利用的物质排除在废物定义范围。

指令 2008/98/EC 中规定以下废物不属于固体废物:① 排放入大气的气体;② 受到污染但未被挖掘或与建筑物永久相连的原位土地;③ 在建筑过程中,用于原位回填的挖掘土壤;④ 放射性废物;⑤ 退役炸药;⑥ 农林业产生的对环境和人体健康无害的物质。

由于已经有其他法令管理,以下废物被排除在指令 2008/98/EC 的管理范围之外:① 废水;② 不用于焚烧、填埋、生产沼气或堆肥的动物排泄物;③ 归 1774/2002 管理的动物尸体;④ 归 2006/21/EC 管理的采矿过程产生的废物。

根据指令 2008/98/EC 对废物的定义,某些可以被回收的特殊废物不应再归为废物(Article 6 End-of-waste status)。

1.3 英国危险废物豁免管理体系

根据英国环保局的统计数据,英国在 2007 年的危险废物产生量约 630 万 t,涵盖了 20 类危险废物。在 20 类危险废物中,有机化工行业产生危险废物量最多,约 240 万 t,占危险废物总量的 1/3 以上;其次是油类废物、建筑(construction and demolition)废物和水处理废物,三类废物的年产生量均约为 70 万~80 万 t,每类废物的产生量占危险废物总量的 1/10 以上;年产生量小于 1 万 t 的废物有三类,分别是农业与食品类废物、木材与造纸类废物、皮革与纺织类废物,此三类废物在危险废物总量中的比例均在 0.05% 以下。英国危险废物的产生具有典型的 20~80 特点,即 20% 的废物类型占据了 80% 的废物量。产生量最大的两类危险废物占据了危险废物总量的 50% 以上,80% 的危险废物集中于 5 种废物类型,而产生量较小的 10 类废物合计仅占危险废物总量的不到 5%(图 1-7)。

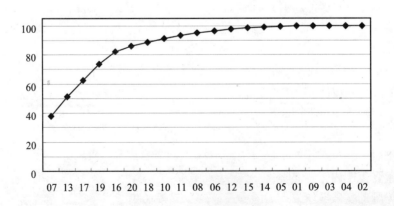

图 1-7 英国危险废物累计比例

2005 年，英国开始执行新的危险废物规则（Hazardous Waste Regulations），新规则规定的危险废物是指：① 列入欧盟 2000/532/EC（固体废物目录）指令中的废物；② 列入 1990 年制定的环境保护法 62A（1）中的废物；③ 符合法案 49 规定的一批特殊废物（a specific batch of waste which is determined pursuant to regulation 49 to be a hazardous waste）。在新的危险废物规则中，增加了镍镉电池、CRT 显示器或电视机、含 CFC 或 HCFC 的制冷剂、废油，以及单独收集的荧光灯管等废物类型。未被专门收集的家庭源废物和部分医疗废物则被排除在危险废物之外。在管理上，新规则主要包括以下内容：

1）取消"特殊废物"的称呼，统一更改为"危险废物"；

2）执行新的危险废物名录，涵盖了超过 200 类危险废物；

3）未取得豁免资格的危险废物产生者必须向环保局登记；

4）运输者需对所有交付记录进行保存并每个季度上报环保局；

5）危险废物产生、贮存及处置场所必须接受环保局的检查和监测；

6）禁止将危险废物与其他危险废物或非危险废物进行混合；

7）危险废物进入危险废物填埋场时必须符合废物接受标准（Waste Acceptance Criteria，WAC）；

8）危险废物需要进行采样和测试以判断是否符合 WAC。

英国环保局对危险废物的认定具有一定的弹性，一般废物如果表现出危险性质，即应作为危险废物进行管理，同样，作为危险废物管理的废物，如果没有任何危险特性，则可不作为危险废物管理。对于家庭源的废物，除石棉（或含石棉）废物及专门分类收集的家庭源废物外，均可不作为危险废物管理。此外，危险废物年产生量低于 200 kg 的单位（这些单位包括办公室、学校、监狱、诊所、小商店等）可从危险废物管理的注册登记要求中豁免，200 kg 大致相当于：① 10 台小电视机；② 500 根荧光灯管；③ 14 个铅酸电池；④ 5 台小的家用冰箱。2009 年新修改的规则中将可豁免的量提高至每年 500 kg。

除英国外，其他一些欧盟国家也有类似规定，比如芬兰的废物法（Waster Act）不适用于爆炸性物质、原子能废物、放射性废物和可投海处置的废物，原因是这些废物已经有专门的法律对其进行管理，在危险废物的认定上，芬兰环保部也规定如果作为危险废物管理的废物没有表现出危险特性，则可不作为危险废物管理，而一般废物如果表现出危险特性，则应作为危险废物管理。

1.4 总结

（1）美国危险废物豁免管理体系较为完善，欧盟危险废物也有豁免管理的思想，但在技术体系上还远达不到完善的程度。

（2）美国危险废物豁免管理的类型分为类别排除、小量产生者有条件豁免、低风险豁免、混合和衍生条件下的豁免、废物产生源个体豁免等 5 种类型。以危险废物豁免管理后风险在可接受范围内为基本原则，因此，危险废物全过程风险评价是豁免管理体系的核心。

（3）美国的实践经验表明，危险废物豁免管理不仅可以减少巨大的管理成本，而且豁免管理没有导致环境风险的增加，在某种程度上还推动了环境质量的改善。

第2章 我国危险废物豁免管理体系

2.1 我国危险废物产生现状

危险废物的来源非常广泛，不仅包括工业生产活动，而且包括家庭生活、商业、办公、学校等科研机构、医院等医疗机构以及农业生产活动等。工业危险废物主要来源于工业生产活动，是危险废物的主要来源。从根本上讲，农业以及其他行业产生的危险废物也基本上都是工业生产出来的产品经过使用之后产生的，工业生产是危险废物的真正源头。因此，对工业危险废物来源及产量的研究，对于确定危险废物豁免管理对象具有重要意义。

2.1.1 工业危险废物的产生特点

工业生产过程是危险废物的主要来源，第一和第三产业产生的危险废物基本上都是工业生产出来的产品经使用过程后产生的，因此工业生产是危险废物的主要源头。1991 年，我国开始在 17 个城市进行固体废物申报登记试点，到 1995 年全面开展了固体废物的申报登记工作，对固体废物和工业危险废物的产生和废物流向有了基本的统计资料。我国工业危险废物流向主要包括综合利用、贮存、处置、排放。

在具体生产工艺、工业行业、地区、国家等各个层面上，工业危险废物的产生都有一定的规律。因此，从工业行业和地区分布研究其来源和产量对于危险废物的环境管理有着重要意义，既可以向下游追溯至某个具体的行业及其生产工业和产品生产，也可向上游评估区域工业危险废物产生特征。

（1）我国工业危险废物产生概况

图 2-1 是 2006—2010 年间我国工业危险废物的产生量。可以看出，2010 年较 2006 年，工业危险废物产生量、利用量、处置量都有较大幅度的增长，其中产生量的增幅和处置量的增幅分别达到 43.6% 和 42.1%，而综合利用量的增幅仅 31.7%，低于产生量 12 个百分点，说明从 2006 年到 2010 年，很大部分的危险废物流向处置。2010 年较 2006 年的贮存量有大幅降低，降幅为 37.8%。

（2）工业危险废物按行业分布情况

1）我国危险废物产生行业分布特点

在工业各部门中危险废物的产生量不是均匀分布的，产生量较大的主要工业部门包括化工业、有色冶金、石油工业以及造纸工业等。2010 年，工业行业危险废物产生量排在前5 位的包括化学原料及化学制品制造业、有色金属冶炼及压延加工业、石油加工、炼焦及核燃料、有色金属矿采选业、造纸及纸制品业，占行业总量的 70% 以上，而危险废物产生量最多的 10 个行业中大多为化工、石油炼制及金属工业，说明这些工业是我国危险废物产生的重点行业，也是危险废物管理的重点领域。

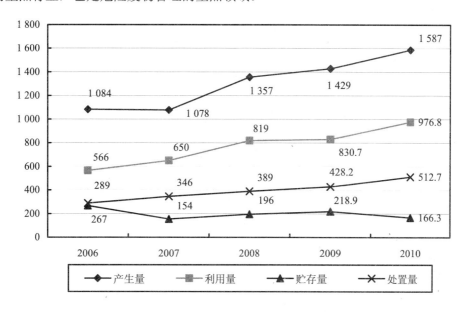

图 2-1 全国工业危险废物产生量的年际变化

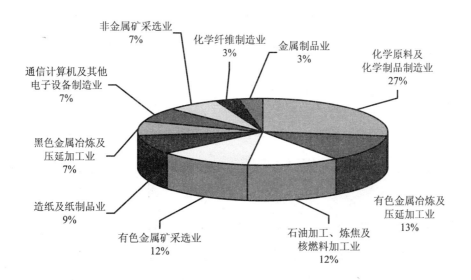

图 2-2 2010 年主要行业产生的危险废物比例

2）我国危险废物产生行业变化

2006—2010 年各行业工业危险废物产生统计量由小到大排序后发现，近几年来我国工业行业危险废物主要的生产者几乎相同，主要都来自于化学原料与化学品制造业、有色金属矿采选业、有色金属冶炼及压延加工业、非金属矿采矿业、石油加工炼焦及核燃料加工业、黑色金属冶炼及压延加工业、医药制造业、化学纤维制造业等。这种格局与我国工业结构有关，2005 年我国轻重结构的比例为 31.1∶68.9，90 年代至今，重工业以年均 21.5%

的发展速度快于轻工业 20%的增长速度，2000 年以来重工业比例都超过了 60%，重工业比重较大也使得重工业产生的危险废物相对较多。

对 2005 年与 2010 年共有的 15 个行业危险废物产生情况进行比较（表 2-1）可知，15 个行业产生的危险固体废物都在一定范围内存在浮动，其中降幅较大的行业有：化学原料及化学制品制造业、有色金属矿采选业、电力、热力的生产和供应业，而 2010 年较 2005 年存在明显增幅的行业有：有色金属冶炼及压延加工业、石油加工、炼焦及核燃料加工业、黑色金属冶炼及压延加工业、造纸及纸制品业、通信计算机及其他电子设备制造业。从对比中发现，能源与材料加工行业的危险废物生产量有大幅度提高，说明我国目前更为注重深加工行业和具备密集技术的高技术产业发展。

表 2-1　2005 年和 2010 年各行业危险废物产生量占总量的比较

行业	2005 年		2010 年	
	产生量/万 t	比例/%	产生量/万 t	比例/%
化学原料及化学制品制造业	443.5	38.24	390.03	24.58
有色金属冶炼及压延加工业	70.33	6.06	181.84	11.46
石油加工、炼焦及核燃料加工业	74.79	6.45	176.85	11.15
非金属矿采选业	76.33	6.58	93.49	5.89
有色金属矿采选业	222.05	19.14	164.31	10.35
电力、热力的生产和供应业	67.62	5.83	16.79	1.06
黑色金属冶炼及压延加工业	31.81	2.74	103.16	6.50
化学纤维制造业	27.73	2.39	49.10	3.09
造纸及纸制品业	6.29	0.54	123.95	7.81
医药制造业	20.97	1.81	33.71	2.12
金属制品业	9.87	0.85	37.46	2.36
交通运输设备制造业	7.75	0.67	20.34	1.28
通信计算机及其他电子设备制造业	18.07	1.56	96.19	6.06
石油和天然气开采业	19.11	1.65	17.50	1.10
纺织业	15.22	1.31	17.00	1.07

（3）工业危险废物产生的地区分布

1）近年来各地区的工业危险废物分布情况

不同区域危险废物产生量在行业分布的差异，客观上反映了区域之间产业结构的组成差别。在进行危险废物管理、污染防治规划等工作时，了解该区域的产业结构组成对于分析危险废物产生源、进行危险废物产生现状调查都非常必要。产业结构的发展规划、未来布局都关系到区域废物未来产生量的分布。

图 2-3 给出了 2006—2010 年间华北、东北、东南、华南、中南、西南、西北地区代表省份的工业危险废物产生情况。结果表明，辽宁、山东、江苏、青海都表现为下降趋势，而河北、湖北、广东则起伏不定，贵州表现增长趋势。"十一五"期间各省国民经济都保持较快增长势头，再加上国家节能减排政策的实施和新工艺新技术的开发和应用，近几年来各省工业危险废物产生量大都保持低速增长，预计大部分省市危险废物总体产生量在未来几年内将会保持在一定水平内。

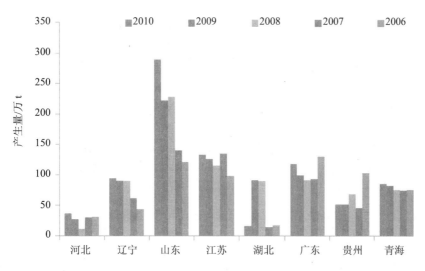

图 2-3　各地区典型省份近几年来的危险废物产生情况

图 2-4 是 2010 年工业危险废物地区分布比例及排序情况。可以看出，危险废物产生量较多的省份为山东、江苏、四川、广东和辽宁，这五省危险废物产生量占全国总量的 48%。前面的分析已经知道，化工行业是我国工业危险废物产生量最多的行业，那么从化工行业的地域分布差异可知，化工企业超过千家的省份有山东、江苏、广东；有色金属冶炼及压延加工业、石油加工及炼焦业、黑色金属冶炼及延压加工业主要集中在中西部地区。可见，危险废物产生量的区域分布基本上与全国工业行业的地域分布相关。

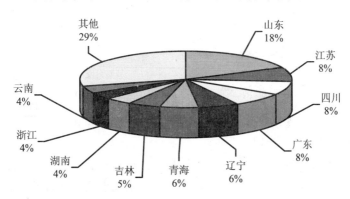

图 2-4　2006 年全国工业危险废物的地区分布比例图

2）各地工业危险废物与工业固体废物的产量比较

各地危险废物产生量占工业固体废物的比例不一致，相差很大，如图 2-5，2010 年比例最高的五个省份分别是青海 4.82%、广东 2.16%、上海 2.08%、山东 1.80%、吉林 1.68%，而全国平均比例为 0.85%；五省的工业固体废物共计 30367 万 t，占全国工业固体废物总量的 12.6%；五省的危险废物总量 540 万 t，占全国危险废物总量的 34.1%，说明西部资源省份和东部发达地区在我国危险废物产生量中占有很大比重；再加上西部经济比较落后，将来西部危险废物的管理工作依然严峻，这就需要国家对这些地区加大管理和经济技术上的支持。

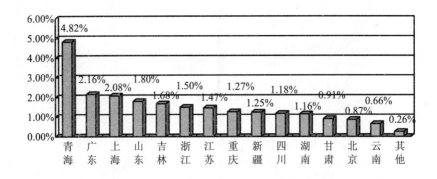

图 2-5　2006 年全国危险废物占工业废物比例

（4）小结

近年来我国工业危险废物产量不断提高，危险废物综合利用量和处置量也随之逐年增加但贮存率逐年降低，说明我国工业固体废物成分的复杂性不断增加。

从行业分布来看，目前，化工生产、原生金属矿生产、石油加工等重工业是产生危险废物的重点行业，也是管理的重点领域。同时，随着高新技术的不断发展以及在工业结构中的比例上升，今后高新产业的危险废物的产量会有增加的趋势。而随着造纸行业危险废物的排放量不断增加，废酸碱将是行业中产生量最多的危险废物。

从地区分布的总体情况来看，近年来大部分省市的危险废物产量有低速上升的趋势，危险废物在地区上的分布基本上与全国工业行业地域分布有关。

今后我国的工业危险废物管理工作主要还是要集中于化工等重工业以及近年来发展较快的高新技术产业。近年来我国已提出"转变传统发展模式，积极推行清洁生产，走可持续发展道路"的环保战略，因此，清洁生产是解决行业危险废物产生的一个重要措施。

2.1.2 其他行业产生的危险废物

第三产业泛指除农业、工业之外的行业的统称，包括商业、交通运输业、医疗服务业、教育、科学研究、旅游业、环境保护等。

（1）医疗废物

医疗服务产生的危险废物主要是具有传染性、感染性的医疗废物。2006 年，我国共调查县及县以上医院 10 332 家，涉及 206 万张床位。医疗废物产生量约为 50 万 t。

（2）商业部门产生的危险废物

商业部门一般属于危险废物产生量较少或很小的来源，包括洗衣店（干洗店）、车辆维修与保养场所、加油站、照相冲印店、药店、油漆店等。

（3）教育、科研机构产生的危险废物

中学、大中专学校、科研机构的试验是在使用化学品过程中也会产生一定数量的危险废物，如废酸、废碱、化学试剂容器等。

（4）环保产业产生的危险废物

环境保护产业在防治污染的过程中也会产生某些危险废物，例如城市生活垃圾焚烧炉和余热锅炉产生的焚烧飞灰，由于含有重金属与二噁英类（PCDDs、PCDFs），按照危险废物进行管理。

（5）家庭源危险废物

家庭危险废物（Household Hazardous Waste，HHW）指家庭产生的危险废物，这些废物含有腐蚀性、毒性、易燃性、反应性成分，种类繁多，成分复杂。按照 HHW 的不同性质，对照《国家危险废物名录》关于危险废物的分类方法，将家庭危险废物分成 9 大类：① 洗涤用品类废物；② 洗护用品、化妆品类废物；③ 废旧电池类废物；④ 小件电子设备废物；⑤ 其他生活用品废物；⑥ 装修时所产生的废物；⑦ 废矿物油类；⑧ 强酸、强碱类废物；⑨ 家用其他化学品类废物。

由于是其产生源分布广泛、产生量小，HHW 不可能采用申报登记、转移联单等管理措施，许多国家都从危险废物法规中豁免，主要混入生活垃圾进入生活垃圾填埋场。根据在北京市某生活垃圾填埋场开展的调查统计，家庭产生的危险废物约占垃圾总量的 0.25%，但家庭危险废物在垃圾场的填埋垃圾中仅占 0.046 5%，这是由于一部分有回收利用价值的电子废物已被拾荒者分捡。在垃圾填埋场的家庭危险废物中各种包装物在数量上占大半，偶尔出现的废旧电器元件。碱性电池、打火机等家庭常用的物品也只是在垃圾场的样品中偶然出现，并在质量上只占总量的 10% 左右。在垃圾场的垃圾样品中，过期药品、化妆品、磁带、温度计等危险废物数量较少，在数量和质量上也只占很小的一部分。

我国正处于经济的快速转型时期，随着人民生活水平的巨大变化，HHW 的种类、数量也在改变。各类小型电子设备、灯管、磁带等危险废物在各家庭中都有很高的保有量，其产生量在整个家庭危险废物中占较大比例。

2.2 我国危险废物豁免（排除）管理的规定

我国尚未建立危险废物豁免（排除）管理体系，只在《国家危险废物名录》、《危险废物鉴别标准　通则》中有零星涉及。

《国家危险废物名录》（2008）第六条规定，家庭日常生活中产生的废药品及其包装物、废杀虫剂和消毒剂及其包装物、废油漆和溶剂及其包装物、废矿物油及其包装物、废胶片及废像纸、废荧光灯管、废温度计、废血压计、废镍镉电池和氧化汞电池以及电子类危险废物等，可以不按照危险废物进行管理。但是，将这些废弃物从生活垃圾中分类收集后，其运输、贮存、利用或者处置，按照危险废物进行管理。

参照国际惯例，为鼓励和促进企业采用清洁生产工艺，降低废物的危害性，对列入《国家危险废物名录》的废物，产生者如果能证明该特定废物不具有危险特性，则可以向环境保护部提出申请，经过审核程序后，对该特定废物可以不按照危险废物进行管理。《国家危险废物名录》共列出了 33 类废物，标注了 "*"。

《危险废物鉴别标准　通则》第 5.2 条规定，仅具有腐蚀性、易燃性或反应性的危险废物与其他固体废物混合，混合后的废物经 GB 5085.1、GB 5085.4 和 GB 5085.5 鉴别不再具有危险特性的，不属于危险废物。第 6.2 条规定，仅具有腐蚀性、易燃性或反应性的危险废物处理后，经 GB 5085.1、GB 5085.4 和 GB 5085.5 鉴别不再具有危险特性的，不属于危险废物。

第3章　我国危险废物豁免管理的应用

3.1 钛白粉厂酸解泥渣豁免管理实践

3.1.1 背景介绍

四川某钛白粉厂以当地的钛精矿为原材料，采用硫酸法生产钛白粉，目前生产线规模为 2 万 t/a（一期），酸解泥渣产生量每年 5 000 t 左右。该企业产生的酸解泥渣是硫酸法钛白粉生产中在酸解环节原材料中没有与硫酸反应的部分，经沉降/过滤工艺后产生的固体废物，主要成分为 TiO_2、Fe_2O_3 和其他矿物杂质。

在美国，Kemira 公司的酸解泥渣的处置方式为中和固定后送专用的表面塘进行处置。Millennium 公司产生的酸解泥渣处置方式为在本公司临时贮存，定期送工业垃圾填埋场进行最终处置。欧盟禁止将硫酸法钛白粉生产过程中产生的固体废物排放入水体中或进行陆地处置，目前大多采用中和处理后进行填埋处置。而在国内外也有一些综合利用钛白粉生产过程产生的酸解泥渣的研究，如将残渣洗净、干燥、重新研磨后再用，可在提高硫酸用量的情况下与新矿粉混用。

在我国，酸解泥渣因具有腐蚀性和毒性被列入《国家危险废物名录》，应按危险废物进行管理，对酸解泥渣综合利用的企业应具有危险废物经营许可证。然而在企业所在地区，目前仍没有具有危险废物经营许可证的酸解泥渣利用企业，将酸解泥渣送至危险废物填埋场不仅需要占用大量的填埋空间，企业也需要支付高昂的处置费用。

该公司的酸解泥渣堆放场位于金沙江岸边的山谷中，距金沙江的最短直线距离约1.3 km。由于降雨对堆存的酸解泥渣的淋滤，会产生大量的沥滤液，对金沙江水质污染的存在较大的风险。为减少对环境的风险及其减轻企业的负担，还能充分利用资源，需要对酸解泥渣水洗消除危险特性的技术可行性进行研究，并在可行性研究的基础上，展开风险评价研究，最终确定水洗处理后酸解泥渣的是否可以豁免管理。

3.1.2 酸解泥渣危险特性分析

按照《危险废物鉴别技术规范》（HJ/T 298—2007）对酸解泥渣进行采样，按照危险废物鉴别系列标准进行分析。根据危险废物名录中对酸解泥渣危险特性的界定，分析酸解泥渣样品的腐蚀性和毒性。

（1）腐蚀性

根据《危险废物鉴别标准　腐蚀性鉴别》（GB 5085.1—2007），对样品进行腐蚀性鉴别，结果如表 3-1 所示。

表 3-1　样品的 pH 检测结果

样品编号	1017	1018	1019	1020	1021	1022	1023	1024	1025	1026
浸出液 pH 值	1.42	1.38	1.37	1.39	1.33	1.32	1.35	1.37	1.34	1.38
样品编号	1027	1028	1029	1030	1031	1101	1102	1103	1104	1105
浸出液 pH 值	1.36	1.39	1.37	1.34	1.37	1.33	1.38	1.39	1.30	1.31

GB 5085.1—2007 规定的腐蚀性鉴别标准为 pH 值大于 12.5 或小于 2.0，酸解泥渣样品均具有腐蚀性。

（2）浸出毒性

采用《固体废物　浸出毒性浸出方法　硫酸硝酸法》（HJ/T 299—2007）对样品进行浸出，对浸出液中的金属元素按照《危险废物鉴别标准　浸出毒性鉴别》（GB 5085.3—2007）中"附录 B　固体废物　元素的测定　电感耦合等离子体质谱法"进行检测，结果如表 3-2 所示。

表 3-2　浸出液中金属元素检测结果　　　　　　　　　　　单位：mg/L

样品	Be	Cr	Ni	Cu	Zn	As	Se	Ag	Cd	Ba	Hg	Pb
1017	0.000 2L	0.12	0.13	2.86	0.44	0.45	0.001L	0.001L	0.02	0.02	0.000 4L	0.10
1018	0.000 2L	0.13	0.27	3.52	0.41	0.45	0.001L	0.001L	0.02	0.02	0.000 4L	0.09
1019	0.000 2L	0.15	0.25	2.87	0.37	0.80	0.001L	0.001L	0.01	0.01	0.000 4L	0.05
1020	0.000 2L	0.11	0.18	2.79	0.32	0.70	0.001L	0.001L	0.01	0.01	0.000 4L	0.04
1021	0.000 2L	0.12	0.16	2.58	0.29	0.52	0.001L	0.001L	0.01	0.01	0.000 4L	0.03
1022	0.000 2L	0.12	0.15	2.18	0.30	0.54	0.001L	0.001L	0.01	0.01	0.000 4L	0.03
1023	0.000 2L	0.14	0.16	2.13	0.29	0.76	0.001L	0.001L	0.01	0.01	0.000 4L	0.02
1024	0.000 2L	0.13	0.13	2.14	0.24	0.76	0.001L	0.001L	0.01	0.01	0.000 4L	0.03
1025	0.000 2L	0.18	0.29	2.16	0.38	0.32	0.001L	0.001L	0.01	0.01	0.000 4L	0.04
1026	0.000 2L	0.12	0.17	2.58	0.26	0.54	0.001L	0.001L	0.01	0.01	0.000 4L	0.05
1027	0.000 2L	0.13	0.19	2.69	0.40	0.26	0.001L	0.001L	0.01	0.01	0.000 4L	0.03
1028	0.000 2L	0.15	0.27	2.91	0.42	0.58	0.001L	0.001L	0.01	0.01	0.000 4L	0.04
1029	0.000 2L	0.18	0.23	2.46	0.32	0.37	0.001L	0.001L	0.01	0.01	0.000 4L	0.04
1030	0.000 2L	0.14	0.21	2.32	0.35	0.49	0.001L	0.001L	0.01	0.01	0.000 4L	0.06
1031	0.000 2L	0.13	0.22	2.18	0.32	0.62	0.001L	0.001L	0.01	0.01	0.000 4L	0.03
1101	0.000 2L	0.17	0.25	2.19	0.39	0.55	0.001L	0.001L	0.01	0.01	0.000 4L	0.04
1102	0.000 2L	0.17	0.19	2.41	0.42	0.76	0.001L	0.001L	0.01	0.01	0.000 4L	0.07
1103	0.000 2L	0.17	0.15	2.31	0.25	0.38	0.001L	0.001L	0.01	0.01	0.000 4L	0.05
1104	0.000 2L	0.15	0.21	1.89	0.19	0.39	0.001L	0.001L	0.01	0.01	0.000 4L	0.04
1105	0.000 2L	0.09	0.19	2.62	0.41	0.27	0.001L	0.001L	0.01	0.01	0.000 4L	0.04
限值	0.02	15	5	100	100	5	1	5	1	100	0.1	5

注："限值"指 GB 5085.3—2007 中的限值；"0.000 2L"指检出限为 0.000 2 mg/L，实际样品中的浓度低于 0.000 2 mg/L。

检验结果显示，所有样品的金属元素浸出浓度均低于 GB 5085.3—2007 的浓度限值，样品均不具有浸出毒性。

（3）毒性物质含量

酸解泥渣的产生环节所使用的原材料为矿石和浓硫酸，根据生产工艺，可判断样品中有机毒性物质存在的可能性较低，只需检测无机毒性物质的含量，由化学常识可判断样品中不含有 F^- 和 CN^-，因此实验中仅对样品中的重金属元素进行分析。

采用 USEPA SW-846 中的 3051A 方法对样品进行消解，消解液中的金属元素按照《危险废物鉴别标准 浸出毒性鉴别》（GB 5085.3—2007）中"附录 B 固体废物 元素的测定 电感耦合等离子体质谱法"进行检测，样品中主要含有 V、Cr、Mn、Co、Ni、Cu、Zn、As、Pb 等重金属元素，测试结果换算成元素含量后的结果如表 3-3 所示。

表 3-3　样品中的重金属含量　　　　　　　　　单位：mg/kg

样品	V	Cr	Mn	Co	Ni	Zn	As	Pb
1017	2.8	1.6	84.8	10.5	7.8	6.0	8.3	1.9
1018	2.8	1.4	79.8	8.9	8.0	5.6	6.4	2.4
1019	3.9	1.9	100.2	10.8	6.5	3.5	8.6	2.1
1020	5.0	1.9	83.1	7.9	4.9	3.7	8.4	1.3
1021	3.9	1.6	84.5	8.6	5.4	3.3	8.7	1.3
1022	4.1	1.7	89.0	9.3	5.8	2.9	8.8	2.5
1023	4.2	1.6	88.4	9.0	5.3	4.5	8.9	1.3
1024	4.1	2.0	90.2	9.2	5.8	3.5	9.0	2.0
1025	4.5	1.4	85.6	8.3	6.5	4.3	7.9	2.3
1026	3.8	1.6	84.3	8.4	6.3	4.2	6.8	2.5
1027	2.9	1.9	83.5	8.5	6.7	3.9	8.0	2.1
1028	4.1	1.7	86.5	8.5	7.1	3.8	8.3	1.8
1029	3.2	1.6	87.4	9.4	7.3	3.8	8.1	2.0
1030	3.5	1.6	88.5	8.8	6.2	4.2	8.2	2.4
1031	3.7	1.8	81.3	9.1	5.6	5.0	7.6	1.9
1101	3.3	1.7	85.2	9.2	4.9	3.4	7.8	1.7
1102	4.5	1.3	86.3	8.6	7.3	3.6	8.3	1.8
1103	3.4	1.8	84.5	9.3	5.4	4.3	8.9	1.8
1104	4.1	1.7	87.8	9.7	6.1	4.0	6.7	2.3
1105	4.1	1.6	81.9	8.1	6.0	4.8	7.5	1.9

《危险废物鉴别标准 毒性物质含量鉴别》（GB 5085.6—2007）中将毒性物质分为剧毒物质、有毒物质、致癌性物质、致突变性物质和生殖毒性物质 5 大类，含量限值分别为 0.1%、3%、0.1%、0.1% 和 0.5%。从表 3-3 的结果来看，样品中重金属含量与标准限值相差较大，无须进行毒性物质换算即可判断样品的毒性物质含量未达到 GB 5085.6—2007 的限值。

以上结果表明，该公司采集的酸解泥渣废物样品不具有浸出毒性（GB/T 5085.3—2007），毒性物质含量低于危险废物鉴别标准（GB/T 5085.6—2007），但具有一定的腐蚀性（GB 5085.1—2007）。由此可见，该公司的酸解泥渣属于仅具有腐蚀性的危险废物，主要的危险特性在于泥渣中含有少量游离硫酸，从而导致的强酸性（腐蚀性）。

3.1.3 豁免依据

根据《危险废物鉴别标准 通则》（GB 5085.7—2007）第六条"危险废物处理后判定规则"中的 6.2"仅具有腐蚀性、易燃性或反应性的危险废物处理后，经 GB 5085.1、GB 5085.4 和 GB 5085.5 鉴别不再具有危险特性的，不属于危险废物"。

该公司的酸解泥渣属于仅具有腐蚀性的危险废物，只要消除酸解泥渣的腐蚀性且不产生别的危险特性，该公司的酸解泥渣就可以豁免管理，即不需按危险废物进行管理。

3.1.4 豁免技术程序

（1）腐蚀性去除

采用水洗的方式除去附着于泥渣的游离酸，以达到去除酸解泥渣废物腐蚀性。实验室研究了多次洗涤（液固比为 5∶1）后酸解泥渣 pH 变化（图 3-1）。

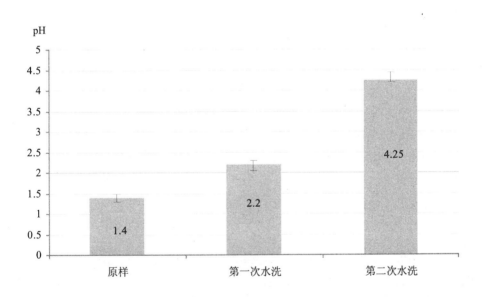

图 3-1 酸解泥渣 pH 变化

水洗可降低酸解泥渣的腐蚀性，经两次洗涤后可将酸解泥渣的 pH 提高到 2.0 以上，从而不再具有《危险废物鉴别标准 腐蚀性鉴别》（GB 5085.1—2007）规定的腐蚀性危险特性。

（2）其他危险特性鉴别

虽然洗涤前酸解泥渣不具有浸出毒性，但考虑到消除腐蚀性的过程中可能产生新的毒性，因此对多次洗涤后的酸解泥渣进行浸出毒性鉴别，洗液中重金属浓度及水洗后酸解泥渣的浸出毒性见表 3-4。

表 3-4　洗液中重金属浓度及酸解泥渣浸出毒性

次数		Be	Cr	Ni	Cu	Zn	As	Se	Ag	Cd	Ba	Hg	Pb
0 次	水	—	—	—	—	—	—	—	—	—	—	—	—
	固	0.000 2L	0.12	0.13	2.86	0.88	0.23	0.001L	0.001L	0.02	0.02	0.000 4L	0.10
1 次	水	0.000 2L	0.06	0.14	1.78	0.52	0.52	0.001L	0.001L	0.003	0.006	0.000 4L	0.01
	固	0.000 2L	0.04	0.08	1.06	0.48	0.14	0.001L	0.001L	0.003	0.004	0.000 4L	0.01
2 次	水	0.000 2L	0.01	0.05	0.86	0.12	0.24	0.001L	0.001L	0.002	0.003	0.000 4L	0.003
	固	0.000 2L	0.01	0.04	0.23	0.24	0.07	0.001L	0.001L	0.001	0.003	0.000 4L	0.002
3 次	水	0.000 2L	0.01	0.03	0.27	0.08	0.04	0.001L	0.001L	0.001	0.004	0.000 4L	0.001
	固	0.000 2L	0.01	0.03	0.08	0.05	0.04	0.001L	0.001L	0.001	0.002	0.000 4L	0.001
限值		0.02	15	5	100	100	5	1	5	1	100	0.1	5

注:"水"指洗涤后水中重金属浓度;"固"指该次洗涤完成后,固体部分的浸出毒性;"限值"指 GB 5085.3—2007 中的限值;"0.000 2 L"指检出限为 0.000 2 mg/L,实际样品中的浓度低于 0.000 2 mg/L。酸解泥渣经水洗后,重金属的浸出毒性有所降低,这是由于酸解泥渣本身含有游离硫酸,导致洗涤用水呈酸性,将泥渣中活性较强的硫酸硝酸法可浸出的重金属洗出,从而降低了泥渣的浸出毒性。

（3）水洗后酸解泥渣风险分析

尽管酸解泥渣水洗后不再具有浸出毒性,但考虑到豁免管理后酸解泥渣仍露天堆存,降雨的淋滤仍可能污染金沙江或发生泥石流导致全部的酸解泥渣进入金沙江而对人体健康造成风险。对于堆存过程主要考虑长期风险,而发生地质灾害考虑短期的急性风险。

酸解泥渣堆存过程中可能会因为降水而产生地表径流,目前堆放场的废物堆存面积约 5 000 m²,年废物产生量约 5 000 t,当地平均年降水量约 800 mm,采用公式 3-1 计算地表径流中重金属的平均浓度,并与污水综合排放标准（GB 8978—1996）的规定值进行对比,结果见表 3-5。

$$\rho(\text{地表径流}) = \frac{\rho(\text{浸出液}) \times 10 \text{ L/kg} \times 5\ 000 \text{ t} \times 1\ 000 \text{ kg/t}}{5\ 000 \text{ m}^2 \times 0.800 \text{ m} \times 1\ 000 \text{ L/m}^3} \tag{3-1}$$

式 3-1 中:$\rho(\text{浸出液})$ 为浸出毒性数据统计结果中 95% 置信区间的高值;10 L/kg 为浸出毒性实验时所用的液固比;5 000 t 为废物年产生量,5 000 m² 为堆放场面积,0.800 m 为年降水量,1 000 kg/t 和 1 000 L/m² 为单位转换常数。

表 3-5　酸解泥渣地表径流中重金属的平均浓度　　　　　　　　　　单位:mg/L

项目	Cr	Ni	Cu	As
酸解泥渣	2.00	3.00	17.3.	8.13
一次水洗后	0.75	1.75	8.0.	5.88
两次水洗后	0.16	0.88	4.75	2.63
三次水洗后	0.16	0.50	2.07	1.00
GB 8978—1996 规定值	1.5	1.0	2.0	0.5

注:六价铬的排放标准为 0.5 mg/L;Cu 的一级排放标准为 0.5 mg/L,二级和三级排放标准分别为 1.0 mg/L 和 2.0 mg/L。

由表 3-5 可见,酸解泥渣初始样品的如因降水产生地表径流,Cr、Ni、Cu、As 等重金属的计算浓度全部超出污水综合排放标准（GB 8978—1996）规定值,其中 Cu 和 As 的计算浓度分别为规定值的 9 倍和 16 倍,在实验室水洗处理后,重金属的浓度有所降低,但在三次水洗后计算出的 Cu、As 的浓度仍然超出排放标准，其中 As 的计算值为污水综合排放标准规定值的 2 倍。如以三次水洗后的最高值计算，则地表径流中 As 的浓度为 1.25 mg/L，为污水综合排放标准规定值的 2.5 倍。由于酸解泥渣堆放场距金沙江的直线距离约 1.3 km，堆放场所在的山谷内及山谷口没有取水点，污染物稀释因子（DAF）应显著大于 2.5，因此可初步认为酸解泥渣在该堆放场堆存时因地表径流产生的环境风险不高。

暴雨导致堆放酸解泥渣的山谷发生山洪，使酸解泥渣中可浸出的重金属全部进入金沙江，采用有毒物质在河流中的扩散模型计算敏感点处 Cr、Ni、Cu、As 4 种重金属的最高浓度，结果见表 3-6。酸解泥渣中重金属的可浸出量通过实验室小试的浸出毒性数据计算，计算时取统计结果中 95% 置信区间的高值，其他参数设置为：假设暴雨使金沙江流量提高为 1 万 m³/s（10 年一遇），流速为 3 m/s，边坡比为 0.90，粗糙系数为 0.040，以下游约 4 km 处的某镇作为环境敏感点。

表 3-6　敏感点 4 种重金属的最高浓度　　　　　　　　单位：mg/L

项目	Cr	Ni	Cu	As
酸解泥渣	0.278	0.417	2.396	1.129
一次水洗后	0.104	0.243	1.112	0.816
两次水洗后	0.023	0.122	0.660	0.365
三次水洗后	0.023	0.069	0.287	0.139

假设暴露途径为直接饮用，以成人平均饮水量为 2 L/d、体重为 60 kg 计算暴露在表 3-6 的浓度条件下时各种金属元素的暴露水平，结果如表 3-7 所示。暴露时间低于 14 d 时，健康风险评价可通过急性 MRLs（Minimal Risk Levels）来表征，表 3-7 同时列出美国卫生部的急性 MRLs 参考值。

表 3-7　敏感点的暴露水平　　　　　　　　单位：mg/(kg·d)

项目	Cr	Ni	Cu	As
酸解泥渣	0.009	0.014	0.080	0.038
一次水洗后	0.003	0.008	0.037	0.027
两次水洗后	0.001	0.004	0.022	0.012
三次水洗后	0.001	0.002	0.010	0.005
急性 MRLs	0.005	—	0.01	0.005

注：Ni 无经口毒性数据。

由表 3-7 可见，尽管该公司的酸解泥渣浸出毒性和毒性物质含量不超标，但由于该公司所在地为山区，如因暴雨或地质活动造成溃坝，使酸解泥渣中可浸出的重金属全部进入金沙江，会导致一定的环境风险。以实验数据 95% 置信区间的高值计算，水洗前 Cr、Cu、As 的暴露水平均超出美国卫生部急性 MRLs 标准值，其中 Cu 和 As 约为急性 MRLs 值的 8 倍。水洗处理后酸解泥渣的环境风险有所降低，3 次水洗后的计算值不超标，不会造成急性危害。

3.1.5 小结

酸解渣经危险特性鉴别后说明仅具有腐蚀性，根据《危险废物鉴别标准　通则》（GB 5085.7—2007），采用水洗处理后消除酸解渣的腐蚀性，并基于风险评价的结果提出了酸解渣水洗处理后豁免管理，较好地解决了酸解渣的合理处置难题，对酸解渣豁免管理后，促进了下游企业对酸解渣的利用，同时也减轻了酸解渣带来的风险。

3.2 废 CRT 玻壳豁免管理实践

3.2.1 背景介绍

根据国家统计年鉴（2009）的统计数据推算，2008 年年底我国电视机的社会保有量已达到 4.5 亿台，其中很大部分是 20 世纪 80 年代末进入家庭的产品，现在已到了报废年限。据中国家用电器研究院统计数据显示，从 2003 年起，我国每年至少有 500 万台以上电视机需要报废，淘汰的多为含阴极射线管（CRT）的电视机。除此以外，电脑的升级换代也产生大量的含 CRT 的报废显示器。CRT 重量约占电视机整机重量的 55%～65%，约为 8 kg/支，以此估算，我国每年至少产生 4.0 万 t 的废 CRT 玻璃外壳（简称玻壳）。由于玻壳中含有一定量的重金属铅，因此，如何妥善处置废 CRT 玻壳，已成为环境保护中亟待解决的问题。

CRT 玻壳中铅的含量与 CRT 的种类（黑白和彩色）和部位有很大关系，一般而言，黑白 CRT 玻壳和彩色 CRT 的屏玻璃中铅的含量较低，而彩色 CRT 锥玻璃中的铅含量较高，因此可以考虑将黑白 CRT 玻壳和彩色 CRT 的屏玻璃混入生活垃圾填埋场进行处置。根据对 CRT 玻壳中铅的含量及浸出毒性分析数据，从风险评价角度论证了黑白 CRT 玻壳和彩色 CRT 的屏玻璃进入生活垃圾填埋场处置的可行性。

3.2.2 CRT 显像管的结构

CRT 显示器有两种：黑白（或单色）和彩色，两种结构略有不同，最常见的彩色 CRT 显示器一般包括：CRT 显像管、印制电路板、监视器外壳、其他微小部件等。CRT 显像管是 CRT 显示器的核心部分，可以分为平板、管颈、管锥 3 个主要部分（图 3-2），其中平板（屏玻璃）的质量大概占显示器总质量的 2/3，一般是用无铅玻璃或者低铅含量玻璃（主要是 $BaO\text{-}SrO\text{-}ZrO_2\text{-}R_2O\text{-}RO$ 系玻璃）制成；管颈（颈玻璃）的质量小于总质量的 1%，但是含铅的比例最高，主要是 $SiO_2\text{-}Al_2O_3\text{-}PbO\text{-}R_2O\text{-}RO$ 系玻璃；管锥的质量约占总质量的 1/3，铅的含量也比较高，主要 $SiO_2\text{-}Al_2O_3\text{-}PbO\text{-}R_2O\text{-}RO$ 系玻璃。此外，在 CRT 显像管的封口处还采用了高含铅的封接玻璃，主要是 $B_2O_3\text{-}PbO\text{-}ZnO$ 系玻璃。

3.2.3 CRT 玻壳的化学组成

CRT 玻璃外壳的成分虽然在一定范围内波动，但波动的范围并不大。根据含铅量不同，大致可以分为黑白显示器玻璃（简称黑白屏、黑白锥）、彩色显示器屏玻璃（简称彩色屏）和彩色显示器锥玻璃（简称彩色锥）3 类，其一般组成如表 3-8 所示。

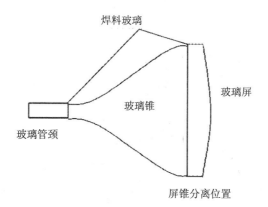

图 3-2　彩色 CRT 显像管结构图

表 3-8　CRT 玻璃的化学组成（以氧化物计，XRF）①

序号	氧化物	化学组成/%			
		黑白屏	黑白锥	彩色屏	彩色锥
1	SiO_2	65.4	65.1	61.8	52.0
2	BaO	9.47	9.55	9.31	0.48
3	Na_2O	8.80	8.78	8.41	7.34
4	K_2O	7.06	7.11	7.19	7.35
5	Al_2O_3	3.32	3.18	2.10	3.73
6	PbO	2.83	2.83	0.07	22.6
7	SrO	1.83	1.99	8.19	0.40
8	ZrO_2	0.29	0.32	1.14	—
9	Sb_2O_3	0.19	0.22	0.23	0.14
10	CaO	0.20	0.20	0.21	3.83
11	CeO_2	0.13	0.18	0.25	—
12	Fe_2O_3	0.10	0.15	—	0.03
13	TiO_2	0.11	0.11	0.47	—
14	ZnO	0.09	0.09	0.43	0.08
15	MgO	—	—	0.13	2.01

表 3-8 显示，黑白屏、黑白锥组成均匀，含铅量低于 3%。彩色屏含铅量较低（0.07%），彩色锥含铅量较高，约为 20%～30%，超过毒性物质含量鉴别标准（GB 5085.6—2007）规定的限值（PbO≥3%）。

3.2.4 CRT 玻壳的浸出毒性特征

（1）硫酸硝酸浸出毒性

CRT 玻壳中 Pb 的硫酸硝酸浸出毒性见表 3-9。我国《固体废物浸出毒性浸出方法—硫酸硝酸法》（HJ/T 299—2007）模拟工业固体废物在不规范填埋处置并受酸雨影响条件下，有毒物质浸出渗滤造成对地下水的污染，来确定固体废物浸出的毒性物质含量，以此确定该

---

① 企业提供的废 CRT 玻壳 X 射线荧光分析测试报告，与其他报道的结果相近。

固体废物是否表现毒性特性,并判断其是否属于危险废物。HJ/T 299—2007 的浸出结果显示,CRT 玻壳中 Pb 的浸出毒性没有超过浸出毒性鉴别标准(GB 5085.3—2007)规定的限值。

表3-9 CRT 玻壳中 Pb 硫酸硝酸浸出毒性

序号	类别	电视制造商	CRT 制造商	浸出浓度/(mg/L)	
				锥玻璃	屏玻璃
1	彩色 CRT	未知	未知	0.122	0.005
2		熊猫	ORION	0.101	0.012
3		松下	松下	1.868	0.101
平均值				0.697	0.039
4	黑白 CRT	Sharp	Sharp	0.223	0.445
5		万寿山	万寿山	0.211	0.238
6		熊猫	佛山	0.425	0.370
7		HIC	HIC	0.398	0.384
8		松下	松下	0.372	0.545
平均值				0.326	0.396

(2)醋酸浸出毒性

我国《固体废物浸出毒性浸出方法—醋酸缓冲溶液》(HJ/T 300—2007)以及美国毒性浸出程序 Toxic Characteristic of Leaching Procedure(TCLP)都是模拟固体废物与生活垃圾填埋共处置条件下,工业固体废物的浸出毒性特性。醋酸浸出毒性结果见表 3-10,该结果与 Townsend 对 10 个电视机废 CRT 玻壳中 Pb 的 TCLP 浸出结果相近(表 3-11)。该结果与陈梦君[①]的研究结果相差较大(黑白 CRT 玻壳、彩色屏玻璃、彩色锥玻璃中 Pb 浸出浓度为 83.61 mg/L、56.46 mg/L、361.72 mg/L),该差异主要是由于陈梦君采用的样品预处理步骤是将废弃 CRT 玻璃粉碎至粒径小于 80 目(0.178 mm),而醋酸浸出毒性方法和 TCLP 方法样品预处理是要求样品小于 9.5mm。

表3-10 电视机废 CRT 玻壳中 Pb 的醋酸浸出毒性

序号	类别	电视制造商	CRT 制造商	浸出浓度/(mg/L)	
				锥玻璃	屏玻璃
1	彩色 CRT	未知	未知	2.607	0.061
2		熊猫	ORION	123.400	0.056
3		松下	松下	28.950	0.049
平均值				51.652	0.055
4	黑白 CRT	Sharp	Sharp	0.715	0.669
5		万寿山	万寿山	1.013	0.934
6		熊猫	佛山	1.012	0.479
7		HIC	HIC	0.701	0.660
8		松下	松下	0.356	0.435
平均值				0.759	0.635

① 陈梦君. 废弃 CRT 玻璃无害化处理技术研究. 中国科学院生态环境研究中心,博士学位论文,2009.

表 3-11　Townsend 测定的电视机 CRT 玻壳中 Pb 的 TCLP 浸出毒性[①]

序号	类别	电视制造商	生产年份	CRT 制造商	浸出浓度	
					锥玻璃	屏玻璃
1	彩色 CRT	Emerson	1984	Goldstar	6.6	ND
2		Orion	1996	Orion	132.5	ND
3		Panasonic	1984	Matsushita	11.8	ND
4		Quasar	1984	Quasar	182.4	ND
5		Sharp	1994	Sharp	16.4	ND
6		Sharp	1984	Sharp	6.0	ND
7		Zenith	1994	Zenith	98.8	ND
8		Zenith	1994	Zenith	7.1	ND
9		Zenith	1977	Zenith	97.7	ND
	平均值				62.1	ND
10	黑白 CRT	Zenith	1985	Toshiba	ND	ND

注：ND 表示未检出。

结果显示，彩色 CRT 锥玻璃中 Pb 的醋酸浸出浓度较高（表 3-10），均值为 51.65 mg/L。美国学者 Townsend 的研究结果，9 个样品均大于 TCLP 浸出标准（5 mg/L），均值达到 62.1 mg/L，表明彩色锥玻璃进入生活垃圾填埋场条件下 Pb 具有较强的浸出毒性。

我国彩色 CRT 屏玻璃样品中 Pb 的浸出浓度均值为 0.055 mg/L。美国学者 Townsend 的研究结果，9 个彩色 CRT 屏玻璃样品浸出液中的 Pb 均未检出。

黑白 CRT 锥玻璃和屏玻璃中 Pb 的浸出浓度差别不大，分别为 0.759 mg/L 和 0.635 mg/L。美国学者 Townsend 的研究结果，黑白 CRT 锥玻璃和屏玻璃中 Pb 均未检出。

因此，彩色 CRT 屏玻璃和黑白 CRT 锥玻璃和屏玻璃与生活垃圾共处置，其浸出能力较弱；彩色锥玻璃如与生活垃圾进行填埋共处置，浸出毒性较强。

3.2.5 CRT 玻壳的处置

（1）目前关于 CRT 玻壳处置的管理法规

阴极射线管（CRT）在我国被列入《国家危险废物名录》（2008），应按危险废物进行管理。我国其他一些法规也对 CRT 的处理处置做出了具体规定。如《废弃电器电子产品处理污染控制技术规范》（HJ 527—2010）中要求，堆存 CRT 的贮存场应有防雨遮盖的设施；宜对彩色 CRT 锥玻璃和屏玻璃分别进行处理；当彩色 CRT 锥玻璃和屏玻璃混合时应按含 Pb 玻璃进行处理或处置；黑白 CRT 的玻璃应按含铅玻璃进行处理。

《废弃家用电器与电子产品污染防治技术政策》（2006）中规定，禁止含阴极射线管的计算机显示器和电视机直接进入生活垃圾填埋场和生活垃圾焚烧厂处置；彩色阴极射线管（CRT）含铅玻锥与无铅玻屏应分类收集；含铅玻锥可作为阴极射线管玻壳制造厂的制造原料，或以其他的方式再利用和安全处置。

[①] Timothy G. Townsend, Characterization of Lead Leachability from Cathode Ray Tubes using the Toxicity Characteristic Leaching Procedure. Florida Center for Solid and Hazardous Waste Management，1999.

（2）进入一般工业固体废物处置场的 CRT 玻壳类型

黑白屏、黑白锥组成均匀，含铅量低于 3%。彩色屏含铅量较低（0.07%），彩色锥含铅量较高，约为 20%～30%，超过毒性物质含量鉴别标准（GB 5085.6—2007）规定的限值（PbO≥3%）。

根据 CRT 玻壳《固体废物浸出毒性浸出方法—硫酸硝酸法》（HJ/T 299—2007）鉴别结果（表 3-9），黑白 CRT 玻璃（包括黑白屏、黑白锥）、彩色屏玻璃的 Pb 的浸出毒性要低于我国浸出毒性鉴别标准（GB 5085.3—2007）中 Pb 的限值，因此，黑白 CRT 玻璃、彩色屏玻璃在工业固体废物填埋场处置其 Pb 的浸出毒性较小，可以在一般工业固体废物处置场中处置。

虽然彩色锥玻璃浸出毒性要低于我国浸出毒性鉴别标准（GB 5085.3—2007）中 Pb 的限值，但由于含铅量较高（约为 20%～30%），对环境产生的风险较大，因此，彩色 CRT 锥玻璃仍按危险废物进行管理，不得进入一般工业固体废物处置场中处置。

（3）进入生活垃圾填埋场共处置的 CRT 玻壳类型

根据对 CRT 玻壳中 Pb 的醋酸浸出毒性及美国学者的 CRT 玻壳 TCLP 浸出毒性结果，黑白 CRT 玻璃（包括黑白屏、黑白锥）和彩色屏玻璃中 Pb 的 TCLP 浸出浓度均较小，表明黑白 CRT 玻璃、彩色屏玻璃与生活垃圾共处置条件下，其浸出能力较弱，对环境的风险较小。依据风险评价技术方法，计算得到的环境风险远低于 10^{-6} 致癌风险水平（按填埋量 100 t/a 计算）。因此，黑白 CRT 玻璃和彩色屏玻璃可以进入生活垃圾填埋场进行填埋共处置。

彩色 CRT 锥玻璃中 Pb 的 TCLP 浸出浓度较高，应按照危险废物管理方法进行管理，不得进入生活垃圾填埋场进行处置。

3.2.6 结论与建议

（1）黑白 CRT 玻璃和彩色 CRT 屏玻璃中 Pb 的硫酸硝酸浸出毒性均较低，小于我国危险废物浸出毒性鉴别标准中的限值。

（2）黑白 CRT 玻璃和彩色 CRT 屏玻璃 Pb 的 TCLP 浸出浓度较低，彩色 CRT 锥玻璃中 Pb 的 TCLP 浸出浓度较高。

（3）黑白 CRT 屏玻璃和锥玻璃、彩色 CRT 屏玻璃可以按照一般工业固体废物进行处置，或者进入生活垃圾填埋场填埋处置。

（4）彩色 CRT 锥玻璃严格按照危险废物进行管理与处置。

3.2.7 废 CRT 玻壳豁免后的管理要求

黑白 CRT 屏玻璃和锥玻璃、彩色 CRT 屏玻璃进入一般工业固体废物处置场或生活垃圾填埋处置时应从以下几方面加强日常监督管理：

（1）彩色 CRT 屏玻璃和锥玻璃应分开，进入生活垃圾填埋场处置的彩色 CRT 屏玻璃不能混有彩色 CRT 锥玻璃。

（2）废 CRT 产生单位拟将废黑白 CRT 屏玻璃和锥玻璃、彩色 CRT 的屏玻璃送入一般工业固体废物处置场或生活垃圾填埋处置时，应报当地环境保护主管部门备案，提供废 CRT 种类、数量、处置方式、处置企业等信息。

（3）废 CRT 产生单位可采用普通货车运输废黑白 CRT 屏玻璃和锥玻璃、彩色 CRT 屏玻璃，应注意防止遗洒，并采取防雨遮盖措施。

（4）废 CRT 的产生单位，应当向处置单位提供废 CRT 的种类和数量等资料。处置单位应当对接收的废 CRT 进行核实，防止彩色 CRT 锥玻璃混入。

（5）废 CRT 处置单位应详实记录每批次贮存、填埋处置废 CRT 的种类和数量，并保存档案 5 年以上，并每年报送地方环境保护主管部门备案。

（6）废 CRT 贮存、填埋处置单位，应划定特定区域用于废 CRT 填埋贮存、处置，不得随意在其他区域进行贮存、填埋。处置设施封场后，应明确标出废 CRT 的贮存、处置的区域。

（7）废 CRT 贮存、填埋处置单位，应加强贮存、填埋场产生的渗滤液以及周边地下水中 Pb 的浓度监测，出现明显升高情况应及时报告地方环境保护行政主管部门。

（8）处置单位应做好事故应急预案。

3.3 磷肥行业废酸综合利用豁免管理可行性分析

我国是世界上主要的磷肥生产国、消费国、出口国，产量居世界第一，过磷酸钙（或称普钙）是我国磷肥的主要品种之一。过磷酸钙生产对硫酸的需求量较大且对硫酸的品质要求不高。

氢氧化钠（烧碱）生产过程会产生大量的废硫酸，且这种来源的废硫酸品质较高，经简单预处理后可用于普钙的生产。目前，我国已有多个磷肥生产企业利用废硫酸用于生产普钙，由于原料成本的降低，利用废酸生产普钙的需求正日益增大。但由于废酸为危险废物，按照我国危险废物相关管理规定，综合利用废酸的企业需要有危险废物经营许可资质，这在一定程度上限制了磷肥生产企业对废酸的利用。

为推进废酸的综合利用，开展磷肥行业（主要是普钙生产）综合利用废酸的环境风险研究，探讨磷肥行业综合利用废酸实行豁免管理的可行性。

3.3.1 我国烧碱行业废硫酸产生概况

烧碱生产的基本工艺原理是电解食盐水产生氯气和烧碱，氯气的干燥过程使用浓硫酸，因此，氯气干燥过程产生大量废硫酸（图 3-3 中的 S2）。

盐水精制主要目的是制作合格的盐水供电解使用，其原理是用精制剂中的 NaOH、Na_2CO_3 和聚合 $FeCl_3$（絮凝剂）与 Mg^{2+}、Ca^{2+} 反应分别生成 $Mg(OH)_2$ 和 $CaCO_3$ 沉淀，然后经沉降、过滤和中和过程制出合格的盐水，原盐中所含有的 Mg^{2+} 和 Ca^{2+} 得到有效去除。

电解盐水产生的氯气经钛冷却器的冷却和干燥塔中浓硫酸的干燥后备用（大部分被用于生产氯化氢、盐酸），而产生的废硫酸则流入废酸贮槽。98% 的浓硫酸用于氯气干燥后变为约 70%～80% 硫酸，其中无其他污染物质，无论是从废酸的浓度还是所含杂质成分上，烧碱生产工艺中产生的废硫酸均符合普钙生产中对硫酸的要求，因此，该工艺的废硫酸在普钙生产中具有较高的利用价值。烧碱生产的反应原理与工艺流程如图 3-3 所示。

$$2NaCl + 2H_2O = 2NaOH + H_2 \uparrow + Cl_2 \uparrow$$

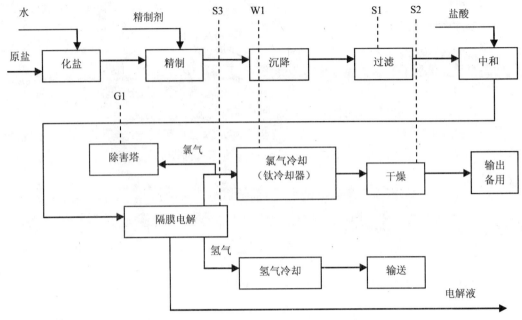

图 3-3　隔膜法烧碱生产"三废"产生示意图

W1：含氯废水，进入淡盐水脱氯系统脱氯后去化盐（吹脱法）；S1：盐泥；S2：废硫酸；S3：废石棉绒；G1：废气。

据行业专家估计并经现场调研确认，废硫酸的产生量约为 0.027（80%）t/t（NaOH），截至 2009 年年底，我国共有烧碱在产企业 185 家，合计产能 2 793 万 t，单个企业平均产能约 15 万 t。另据国家统计局数据，2001—2009 年度全国烧碱产量变化趋势见图 3-4。

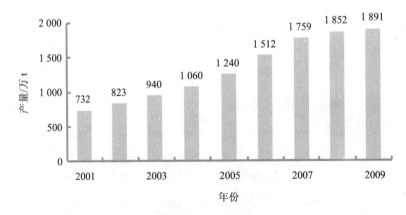

图 3-4　2001—2009 年中国烧碱行业总产量变化

如图 3-4 所示，近几年我国烧碱产量一直呈现快速增长的趋势，至 2007 年其增速放缓，表明烧碱产量达到稳定。按照 2009 年烧碱产量 1 891 万 t 计算，估算 2009 年烧碱生产中废硫酸产生量约 51 万 t。

由于氯气干燥环节产生的废硫酸中不含其他杂质成分，因此可被综合利用企业回收利用。

3.3.2 普钙生产中废硫酸的利用过程

过磷酸钙（普钙）生产工艺流程图见图 3-5。

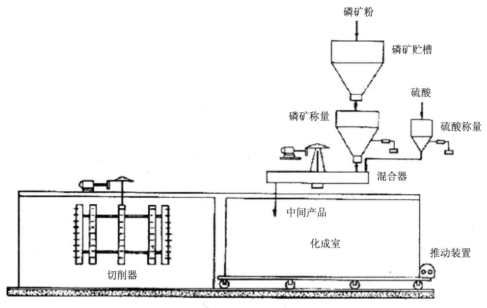

图 3-5 普钙生产工艺流程

普钙生产是用硫酸分解磷矿直接制得磷肥。其主要有效组分是磷酸二氢钙的水合物 $Ca(H_2PO_4)_2 \cdot H_2O$ 和少量游离的磷酸，还含有无水 $CaSO_4$。

普钙生产的主要化学反应方程式为：

$$Ca_5F(PO_4)_3 + 5H_2SO_4 = 5CaSO_4 + 3H_3PO_4 + HF \uparrow$$
$$Ca_5F(PO_4)_3 + 7 H_3PO_4 + 5H_2O = 5Ca(H_2PO_4)_2 \cdot H_2O + HF \uparrow$$

现场调研发现，普钙生产只是硫酸和磷矿混合，没有再处理和分离工序，硫酸中的杂质全部进入磷肥，因此普钙生产中所需的硫酸不允许含有对农作物有害的化学物质。不同浓度的废酸可以通过调节浓度（稀释或加 98% 浓硫酸）满足生产的需求（图 3-6）。

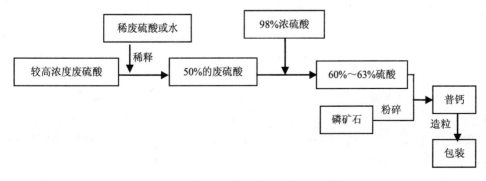

图 3-6 普钙生产中硫酸配制的一般流程

3.3.3 我国普钙生产过程废酸综合利用潜力

（1）全国普钙产能

据不完全统计，到 2009 年年底，全国磷肥产能已近 2 000 万 t（折纯 P_2O_5，下同）（表 3-12）。尽管因过磷酸钙消费量的下降导致其生产能力减退，但过磷酸钙主要有可就近施用、对磷矿和硫酸的要求不高、价格相对低廉等优势，仍保留有 500 万 t 左右的生产能力，占全国磷肥总产能的 25%。

表 3-12　磷肥行业年产能　　　　　　　　　　　　　　　　　　　　　单位：万 t

磷肥品种	磷酸二铵	磷酸一铵	重过磷酸钙	过磷酸钙
产　能	0.13	1 200	200	500

（2）全国普钙产量

随着国内对磷复肥需求量的增长以及出口量的增加，从 2000 年到 2009 年的 10 年间，我国磷肥产量年均递增 8.4%。2009 年我国磷肥产量达到历史最高水平 1 386 万 t；其中，普钙生产量维持在 300 万～400 万 t（图 3-7）。

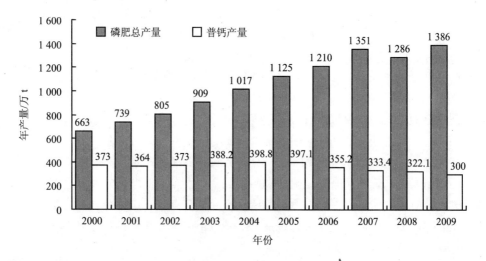

图 3-7　2000—2009 年全国磷肥产量

（3）全国普钙生产综合利用废酸的潜力

据调研，普钙生产过程中每生产 1 t 普钙需消耗 0.33～0.5 t 硫酸（浓度约为 60%～63%），综合利用企业使用废硫酸的质量比一般为：废硫酸：98%浓硫酸=2：1。以全国每年生产 300 万 t 普钙计算，全国每年可综合利用的潜力达到 66 万～100 万 t。

2009 年普钙产量前 10 名的企业，如果都采用废酸进行生产，潜在的综合利用量为 11 万～17 万 t。

3.3.4 普钙生产中废酸综合利用的风险分析

为评估普钙生产中废酸综合利用过程的风险，对两家综合利用企业进行安全性评价。

（1）企业基本信息

浙江省 A 厂：企业主要生产销售过磷酸钙、混配复合肥料等，总产能 8 万 t。2009 年过磷酸钙实物产量为 3.5 万 t，企业生产普钙过程中对废硫酸综合利用的相关信息见表 3-13。

表 3-13　A 厂综合利用废酸相关信息表

1. 产品信息

产品名称	过磷酸钙	产品年产能	5 万 t	产品年产量	3.4 万～3.5 万 t

2. 废酸信息

浓度	60%～70%	废酸利用量	8 750 t/a	杂质种类/含量	无
运输方式	罐装、船运	废酸贮存条件	内有耐腐蚀层的贮存池、贮存场地有防渗、有防护围堤		

3. 废酸综合利用过程

硫酸配制工艺	废硫酸（60%～70%）$\xrightarrow{\text{水稀释}}$ 50%硫酸 $\xrightarrow{\text{加98\%浓硫酸}}$ 60%～63%硫酸
废酸使用方式	作为原料使用：生产 1 t 过磷酸钙需 330 kg 左右 H_2SO_4，其中废硫酸 200 kg，98%浓硫酸 130kg 与使用 98%浓硫酸的不同为：与磷矿粉反应时温度稍低，产品质量无差别

4. 废酸综合利用过程中设备信息

酸输送管道	一体化密封管道	与酸配罐接口	十字法兰	酸配罐体积	1m³，可加载 0.6m³
装置材料	耐高温耐腐蚀	接头泄漏情况	未曾泄漏	废酸注入方式	连续注入
硫酸投料口	由上盖加入混合				

5. 废酸综合利用过程管理信息

安全管理信息	生产设备有备用电源、有联动停车系统、隔离阀门为自动阀、对管理和工作人员进行了安全培训并制订了操作指南和维修计划
应急系统	1 支兼职应急队伍，应急设施有沙土 0.5 t、灭火喷头 4 个

浙江省 B 厂：企业年生产能力为 3 万 t NPK 复混肥和 5 万 t 过磷酸钙的生产线。2009 年过磷酸钙实物产量为 2.5 万 t。企业在生产普钙过程中对废硫酸综合利用相关信息见表 3-14。

表 3-14　B 厂综合利用废酸相关信息表

1. 产品信息

产品名称	过磷酸钙	产品年产能	5 万 t	产品年产量	2 万～2.5 万 t

2. 废酸信息

浓度	a. 55%～65% b. 95%	利用量	6 250 t/a	杂质种类/含量	无
运输方式	罐装、船运	废酸贮存条件	内有耐腐蚀层的贮存池、贮存场地有防渗、有防护围堤		

3. 废酸综合利用过程

硫酸配制工艺	低浓度废硫酸（55%～65%）$\xrightarrow{\text{水稀释}}$ 50%硫酸 $\xrightarrow{\text{高浓度废酸}}$ 60%～63%硫酸
废酸使用方式	作为原料使用：生产 1 t 过磷酸钙需 500 kg 左右废 H_2SO_4 与使用 98%浓硫酸的不同为：与磷矿粉反应时温度较低，产品质量无差别

4. 废酸综合利用过程中设备信息

硫酸输送管道	组合型管道	与酸配罐接口	十字法兰	酸配罐体积	1 m³，可加载 0.6 m³
装置材料	耐高温耐腐蚀	接头泄漏情况	未曾泄漏	废酸注入方式	间隔 3 h

5. 废酸综合利用过程管理信息

安全管理信息	生产系统有备用电源、有联动停车系统、隔离阀门为自动阀、对管理和工作人员进行了安全培训并制订了操作指南和维修计划
应急系统	1 支兼职应急队伍，应急设施有沙土 0.5 t、灭火喷头 2 个、苏打 0.2 t

（2）企业综合利用废酸安全性评价

浙江省 A 厂综合利用废酸安全性评价

表 3-15　浙江省 A 厂废酸综合利用初期评价系数表

场　所	磷肥生产车间		单　元	硫酸配制罐	
物　质	废酸系数		物　质	废酸系数	
	建议	采用系数		建议	采用系数
1. 物质系数 *B*　0.1			5. 数量的危险性 *Q*　5（0.6m³）		
2. 特殊物质危险性 *M*　30			6. 配置危险性 *L*　158		
3. 一般工艺过程危险性 *P*　80			（1）多米诺效应	0～250	0
（1）单纯物理变化	10～50	30	（2）地下	0～150	0
（2）单一连续反应	25～50	0	（3）地面排水沟	0～100	0
（3）单一间断反应	10～60	0	（4）其他	0～250	158
（4）同一装置内的重复反应	0～75	0	7. 毒性危险性 *T*　50		
（5）物质输送	0～75	50	（1）TLV 值	0～300	0
（6）可输送的容器	10～100	0	（2）物质类型	50	50
4. 特殊工艺危险性 *S*　30			（3）短期暴露危险性	100～150	0
（1）低温	0～100	0	（4）皮肤吸收	0～300	0
（2）高温	0～40	0	（5）物理性因素	0～50	0
（3）腐蚀与侵蚀	0～150	10			
（4）接头与垫圈泄漏	0～60	20			
（5）振动负荷、循环等	0～50	0			
（6）难控制的工艺反应	20～30	0			

　　表中参数的取值依据参考《安全评价方法应用指南》中蒙德法安全评价对参数取值的介绍[①]。*B*，废酸为确实不燃烧物质，取值 0.1；*M*，废酸是在使用过程中发热的物质，取值为 30；*P*，废酸的配制过程为间歇混合工艺并且硫酸是从配罐的上方填料，所以单纯物理变化取值 30，物质运输取值为 50，*P* 值和为 80；*S*，废酸配罐为防腐蚀材料，但有可能会出现局部侵蚀，所以腐蚀与侵蚀取值为 10，废酸输送管道接口为十字法兰，有可能微量泄漏，所以接头与垫圈泄漏取值为 20，*S* 值和为 30；*Q*，废酸配罐可用体积 0.6 m³，取值为 5；*L*，工艺备有 1 500 t 废硫酸，可供 91 h，因此其他取值为 2×（91−12）=158；*T*，

---

① 刘铁民. 安全评价方法应用指南. 北京：化学工业出版社，2005.

由于废酸不具有毒性危险性，但在正常操作条件下为液体存在，物质类型取值为 50，其他为 0。

根据附表表 3-15 中评价系数的取值，可计算废酸在综合利用过程中的系统安全风险。

装置内部爆炸指标 E：

$$E=1+（M+P+S）/100=2.50$$

单元毒性指标 U：

$$U=TE/100=1.25$$

主毒性事故指标 C：

$$C=QU=6.25$$

DOW/ICI 总指标 D：

$$D=B（1+M/100）（1+P/100）[1+（S+Q+L）/100+T/400]=0.755$$

全体危险性评分 R：

$$R=D+[1+（FUEA）^{1/2}/1\ 000]=1.76$$

式中，F 为可燃性系数，无可燃性则为最小值 1；A 为爆炸性系数，无爆炸性则为最小值 1。

表 3-16 指标 E、U、C 的等级

指标 E	范畴	指标 U	范畴	指标 C	范畴
0～1	轻微	0～1	轻	0～20	轻
1～2.5	低	1～3	低	20～50	低
2.5～4	中等	3～5	中等	50～200	中等
4～6	高	5～10	高	200～500	高
6 以上	非常高	10 以上	非常高	500 以上	非常高

表 3-17 全体危险性评分等级

全体危险性评分	全体危险性范畴	全体危险性评分	全体危险性范畴
0～20	缓和	1 100～2 500	高（2 类）
20～100	低	2 500～12 500	非常高
100～500	中等	12 500～65 000	极端
500～1 100	高（1 类）	65 000 以上	非常极端

根据蒙德法给定的各项指标等级划分和危险性评分等级划分标准（见表 3-16、表 3-17）可知，浙江省 A 厂在废酸综合利用的评价单元装置内部爆炸性危险性等级（E）为低；单元毒性等级（U）为低；主毒性事故指标等级（C）为轻；全体危险性评分等级（$R=1.76$）为缓和，不用计算安全补偿系数即可确定废酸综合利用过程带来的风险较低。

浙江省 B 厂综合利用废酸安全性评价

表 3-18　浙江省 B 厂废酸综合利用初期评价系数表

场　所	磷肥生产车间		单　元	硫酸配制罐	
物　质	废酸系数		物　质	废酸系数	
	建议	采用系数		建议	采用系数
1. 物质系数 B　0.1					
2. 特殊物质危险性 M　30					
3. 一般工艺过程危险性 P　90			5. 数量的危险性 Q　5（0.6 m³）		
（1）单纯物理变化	10～50	40	6. 配置危险性 L　194		
（2）单一连续反应	25～50	0	（1）多米诺效应	0～250	0
（3）单一间断反应	10～60	0	（2）地下	0～150	0
（4）同一装置内的重复反应	0～75	0	（3）地面排水沟	0～100	0
（5）物质输送	0～75	50	（4）其他	0～250	194
（6）可输送的容器	10～100	0	7. 毒性危险性 T　50		
4. 特殊工艺危险性 S　30			（1）TLV 值	0～300	0
（1）低温	0～100	0	（2）物质类型	50	50
（2）高温	0～40	0	（3）短期暴露危险性	100～150	0
（3）腐蚀与侵蚀	0～150	10	（4）皮肤吸收	0～300	0
（4）接头与垫圈泄漏	0～60	20	（5）物理性因素	0～50	0
（5）振动负荷、循环等	0～50	0			
（6）难控制的工艺反应	20～30	0			

表中参数的取值依据参考《安全评价方法应用指南》中蒙德法安全评价对参数取值的介绍。B，废酸为确实不燃烧物质，取值 0.1；M，废酸是在使用过程中发热的物质，取值为 30；P，废酸的配制过程为间歇混合工艺且废酸管路为永久性封闭体系，所以单纯物理变化取值 40，硫酸是从配罐的上方填料，所以物质运输取值为 50，P 值和为 90；S，废酸配罐为防腐蚀材料，但有可能会出现局部侵蚀，所以腐蚀与侵蚀取值为 10，废酸输送管道接口为十字法兰，有可能微量泄漏，所以接头与垫圈泄漏取值为 20，S 值和为 30；Q，废酸配罐可用体积 0.6 m³，取值为 5；L，工艺备有 1 400 t 废硫酸，可供 84 小时使用，且工艺单元在主控室，因此其他取值为 2×（84−12）+50=194；T，由于废酸不具有毒性危险性，但在正常操作条件下为液体存在，物质类型取值为 50，其他为 0。

同理可计算浙江省 B 厂废酸综合利用系统安全风险。

装置内部爆炸指标 E：

$$E=1+（M+P+S）/100=2.40$$

单元毒性指标 U：

$$U=TE/100=1.2$$

主毒性事故指标 C：

$$C=QU=6.0$$

DOW/ICI 总指标 D：

$$D=B（1+M/100）（1+P/100）[1+（S+Q+L）/100+T/400]=0.799$$

全体危险性评分 R：

$$R=D+[1+（FUEA）^{1/2}/1\,000]=1.80$$

式中，F、A 均为最小值 1。

根据表 3-16、表 3-17 中所列危险性等级判断，浙江省 B 厂废酸综合利用评价单元装置内部爆炸性危险性等级（E）为低；单元毒性等级（U）为低；主毒性事故指标等级（C）为轻；全体危险性评分等级（R＝1.80）为缓和，不用再计算安全补偿系数。

结果表明，两家综合利用企业整体的危险性评分等级为缓和。因此，这两个企业在普钙生产过程中综合利用废硫酸环节可进行有条件豁免管理。

其他普钙生产企业申请进行废酸综合利用豁免管理评估，按照系统安全风险评价方法的评价要点，企业应首先满足下列条件：

1）每批接收的综合利用废硫酸中检测不含有重金属、农药类有害杂质；

2）废酸贮存罐为耐腐蚀耐高温材质；如用贮存池，必须内衬耐腐蚀层；

3）废酸贮存设施（贮存罐或贮存池）有防渗设施和防护围堤；

4）硫酸输送管道接口不泄漏；

5）管理人员与工作人员均需定期进行废酸综合利用安全培训，持证上岗；

6）应有泄漏事故应急方案及应急设备。

（3）综合利用企业豁免后的管理

废硫酸综合利用企业在豁免之后，应从以下几方面加强日常监督管理：

1）废硫酸贮存、运输过程严格按照《危险废物贮存污染控制标准》、《危险废物转移联单管理办法》的规定进行管理。

2）综合利用企业应针对废硫酸建立专门的管理计划并报当地环境保护行政主管部门备案。

综合利用企业，应当建立废硫酸的来源、数量、所含杂质成分及浓度、贮存条件、综合利用工艺等信息的资料档案，并在每年 3 月 31 日前向当地环境保护行政主管部门备案，资料档案至少保存 5 年。

3）综合利用企业应对每批废硫酸的浓度和所含杂质成分进行检测，若废硫酸中污染物组分发生重大变化应及时向当地环境保护行政主管部门报告。

4）综合利用企业应制定废硫酸突发环境事件应急预案并报当地环境保护行政主管部门备案，建设或配备必要的环境应急设施和设备。

5）当地环境保护行政主管部门有权要求综合利用企业定期报告管理情况。

6）当地环境保护行政主管部门应当通过书面核查和实地检查等方式，加强对综合利用企业的监督检查。

3.4 抗生素菌丝渣豁免焚烧处置实践

3.4.1 抗生素主要类型

抗生素是指由细菌、放线菌、真菌等微生物经培养而得到的某些产物或是用化学半合成法制造的相同或类似的物质，抗生素在低浓度下对特异性微生物（包括细菌、立克农氏体、病毒、支原体和衣原体等）有抑制生长或杀灭作用，抗生素原称为抗菌素，但由于它的作用超出单纯的抗菌范围，所以称为抗生素。

拮抗现象在微生物之间极普遍，抗生素就是利用此种现象来防治微生物感染。目前，已知抗生素杀菌的作用机理大致可以分为：①抑制细胞壁的形成，如青霉素，主要是抑制细胞壁中肽聚糖的合成。如多氧霉素主要作用是抑制细胞壁中几丁质的合成；②影响细胞膜的功能，如多粘菌至少与细胞结合，作用于脂多糖、脂蛋白，因此对革兰氏阴性菌有较强的杀菌作用，制霉菌素与真菌细胞膜中的类固醇结合，破坏细胞膜的结构；③干扰蛋白质的合成，通过抑制蛋白质生物合成抑制微生物生长的抗生素较多，如卡那霉素、链霉素等；④阻碍核酸的合成，主要通过抑制 DNA 或 RNA 的合成，抑制微生物的生长，例如利福霉素、博莱霉素等。

抗生素的发现和发展具有悠久的历史。1683 年 vaⅡ Leuwenhock 发现细菌，为后来的细菌学奠定了基础。1876 年 Tyndall 发现细菌悬液表面的霉菌可以使浑浊的悬液变清，指出霉菌与细菌之间为了生存而竞争。1877 年 Pasteur 研究发现细菌除致病之外，还有可能医治疾病。1889 年 Emmerrich 提取出能溶解多种细菌的绿脓杆菌酶。

青霉素的发现与应用成为抗生素发展的新纪元。1929 年 Fleming 发现污染葡萄球菌培养平皿上青霉菌有拮抗和溶解球菌菌落的现象，并将这一抗菌物质称为青霉素（Penicillin）。1939 年 Dubos 发现了具有抗菌作用的短杆菌素（Tyrothricin）。1943 年后，青霉素在美国形成批量工业化生产。

抗生素结构修饰改善了天然药物的性能，推动抗生素进一步发展。20 世纪 50 年代末，分离出的青霉素主核经结构修饰获得了耐酸可口服的丙匹西林，耐青霉素酶的甲氧两林，广谱的氨苄西林和阿莫西林等等。与此同时，其他类抗生素结构修饰也取得了进展，大批抗生素问世并用于临床。60 年代前后，多种抗生素品种相继问世并用于工业化生产。20 世纪 70 年代，β-内酰胺类抗生素也得到了进一步的发展。

自 1943 年青霉素应用于临床以来，抗生素的种类已发展到几千种，其中临床上常用抗生素有几百种，其主要分为：①β-内酰胺类：青霉素类和头孢菌素类的分子结构中含有 β-内酰胺环，如硫酶素类（thienamycins）、单内酰环类（monobactams）、β-内酰酶抑制剂（β-lactamadeinhibitors）、甲氧青霉素类（methoxypeniciuins）等；②氨基糖甙类，包括链霉素、庆大霉素、卡那霉素、妥布霉素、丁胺卡那霉素、新霉素、核糖霉素、小诺霉素和阿斯霉素等；③四环素类：包括四环素、土霉素、金霉素及强力霉素等；④氯霉素类：包括氯霉素、甲砜霉素等；⑤大环内脂类：临床常用的有红霉素、白霉素、无味红霉素、乙酰螺旋霉素、麦迪霉素、交沙霉素等；⑥作用于 G⁺细菌的其他抗生素，如林可霉素、氯林可霉素、万古霉素、杆菌肽等；⑦作用于 G 菌的其他抗生素，如多粘菌素、磷霉素、卷霉素、环丝氨酸、利福平等；⑧抗真菌抗生素：如灰黄霉素；⑨抗肿瘤抗生素：如丝裂霉素、放线菌素 D、博莱霉素、阿霉素等；⑩具有免疫抑制作用的抗生素如环孢霉素。

我国的抗生素原料药企业的产能和产量位居世界第一。2007 年，我国抗生素原料药销售收入超过 350 亿元人民币，出口约为 22 亿美元，占所有原料药出口总额的 25%。其中，半合青和头孢类抗生素占全球市场份额的 50% 以上。土霉素、阿莫西林和头孢类中间体与原料药等总量超过 1 万 t，青霉素工业盐潜在产能接近 10 万 t，市场集中度达 80%。

3.4.2　抗生素菌渣的产生、组成及环境危害

（1）抗生素菌渣的产生

抗生素是微生物的次级代谢产物，富含有机物的培养基经过消毒灭菌、接种培养，一个发酵周期后，放罐过滤，形成滤液和滤饼两部分。滤液中主要含有抗生素（以微生物菌体作药品的除外）、大分子蛋白和无机盐等，进入提取精制单元进一步处理，滤饼即固体废弃物菌渣。抗生素生产工艺过程如图 3-8 所示：

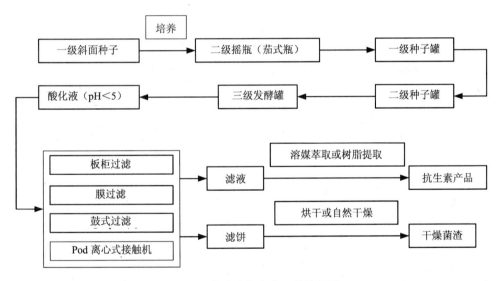

图 3-8　抗生素的生产工艺流程图

一般发酵液含固量大约 20%，100 m³ 发酵液大约形成 30～40 m³ 菌渣。由于发酵过程的连续性，将会产生大量的抗生素菌渣，一般中等规模的抗菌素企业年产抗菌素菌渣约 6 万 t。

（2）抗生素菌渣的组成

抗生素菌渣主要成分为：抗生素产生菌丝体、未利用完的培养基（鱼粉、豆饼粕、玉米浆、花生饼粉和葡萄糖等），以及发酵过程中产生的代谢产物、培养基的降解物、未知生长因子（发酵产物均含有生长因子）；在提取药物过程中加入的絮凝剂、酸化剂、细小蛋白沉淀剂、助滤剂、残留溶剂，如草酸钙、草酸镁、黄血盐、珍珠岩、硅藻土、醋酸丁酯、稻壳粉、聚丙酰胺等。

表 3-19　抗生素菌渣（风干物）的粗蛋白和氨基酸含量

单位：%

含量	名称											麦迪霉素渣	
	玉米	大麦	大豆饼	米糠	鱼粉	肉骨粉	土霉素渣	洁霉	四环素渣	红霉素渣	青霉素渣	（I）	（II）
粗蛋白质	9.0	11.1	46.2	17.9	60.0	48.6	34.3	24.7	46.7	30.1	33.4	39.5	31.9
精氨酸	0.49	0.46	3.77	1.26	3.25	3.34	1.53	1.28	3.76	1.92	1.31	1.56	1.73
甘氨酸	0.35	0.44	1.70	0.92	3.66	5.91	1.58	1.21	2.63	1.56	1.15	2.11	1.91
组氨酸	0.24	0.21	0.11	0.46	1.40	0.75	0.44	0.36	1.25	0.66	0.59	0.70	0.65
异亮氨酸	0.32	0.37	2.00	0.60	2.65	1.32	1.03	0.80	1.82	1.28	0.95	2.16	1.55
亮氨酸	1.11	0.76	3.10	1.17	4.35	2.88	2.34	2.32	4.87	2.30	1.54	3.57	2.86
赖氨酸	0.24	0.37	2.59	0.89	4.20	2.49	0.84	0.65	1.63	0.93	1.39	1.75	1.70
蛋氨酸	0.17	0.13	0.49	0.21	1.80	0.52	0.43	0.22	0.70	0.38	0.43	0.55	0.46
胱氨酸	0.22	0.14	0.70	0.32	0.55	0.50	0.22	0.11	0.28	0.17	0.54	0.22	0.22
苯丙氨酸	0.43	0.52	1.77	0.69	2.42	1.40	1.38	0.67	5.08	1.08	1.06	1.41	1.27
酪氨酸	0.42	0.27	1.40	1.78	1.97	1.09	1.17	0.44	1.50	0.78	0.63	1.24	1.02
苏氨酸	0.32	0.36	1.48	0.66	2.42	1.63	1.30	1.17	2.67	1.31	1.16	1.86	1.19
色氨酸	0.06	0.12	0.44	0.17	0.74	0.22	—	0.23	0.73	0.43	—	0.37	—
缬氨酸	0.45	0.53	2.14	0.92	2.91	1.94	2.04	1.43	3.25	3.03	1.96	2.74	2.42

表 3-20　抗生素菌渣营养成分分析

品名	能量/(kJ/kg)	分析项目/%											铜/(mg/kg)	锌/(mg/kg)	铁/(mg/kg)	锰/(mg/kg)	硒/(mg/kg)
		干物质	粗蛋白	粗脂肪	粗纤维	无氮浸出物	粗灰分	钙	磷	钾	钠	镁					
青霉素渣	4 423.9	91.56	38.58	2.82	3.48	32.52	11.37	2.63	1.14	—	—	0.015	—	—	—	—	—
四环素渣	—	91.67	48.40	0.98	1.10	34.10	11.48	2.98	0.40	0.059	0.059	—	22	73.9	405	20.5	97.7
链霉素渣	4 495.0	91.46	46.04	0.70	5.38	26.33	13.01	5.10	0.67	—	—	—	—	—	676	45.5	55.4
洁霉素渣	4 019.0	88.50	35.42	7.09	2.73	47.70	13.66	5.18	0.36	0.092	0.619	0.038	17	26.8	410	20.8	98.8
麦迪霉素渣	4 155.0	91.24	36.36	16.08	7.44	22.72	8.14	3.45	1.19	0.467	0.03	0.136	22	74.8	1000	57.7	329
红霉素渣	—	92.04	26.43	11.30	1.99	27.58	24.75	3.17	0.96	0.165	0.449	0.118	37	—	—	—	—
土霉素渣	3 933.0	91.75	44.75	0.95	4.95	—	15.78	5.70	0.25	—	—	—	—	—	—	—	—

表 3-21　菌渣中残留的抗生素含量

品名	纯品效价/（U/mg）	菌渣中残留量/（U/mg）
青霉素菌渣	1 534	4
红霉素菌渣	870	1.4
土霉素菌渣	910	6.5
麦迪霉素菌渣	850	6
庆大霉素菌渣	590	40 U/mL
链霉素菌渣	724	3～6
螺旋霉素菌渣	1 000	2～3
盐霉素	880	20～40
泰乐霉素	932	2～3
大观霉素	670	未检出
青霉素	1 534	0

注：U 为国际单位，1.0U=0.6 μg。

由表 3-19 可知，各类抗生素菌渣营养成分较全，营养价值较高。由表 3-20 可知，菌渣中残留的抗生素效价远远小于抗生素的效价单位。表 3-21 所示为部分抗生素菌渣中的抗生素残留量，不同菌渣其抗生素残留量存在较大的差异。以上大量数据表明，抗生素菌渣普遍具有高蛋白、高能量的特点。同一品种，不同生产厂家由于配方、发酵工艺及菌渣加工工艺不同，其营养成分差别较大，且药物残留量差异较大。

（3）抗生素菌渣造成的环境污染

20 世纪五、六十年代，由于人们环保意识淡薄，同时抗生素菌渣的产生量也相对较小，一般采取自然晾干后作为肥料或饲料被附近农户利用。随着生产规模的不断扩大，这种办法显现的弊端越来越多，企业没有足够的晾晒场地。同时，抗生素菌渣中有机物含量高，易引起二次厌氧发酵，颜色变黑，产生恶臭味，引来大量苍蝇，严重污染周边环境。随着人们环保意识的提高和国家环保整治力度的加大，众多企业纷纷开发菌渣干燥设备，将菌渣干燥成含水量小于 10%的干基，再添加入其他物质，用做成动物饲料。

但是，抗菌素菌渣中残留的抗生素及其降解物，使这种动物饲料受到质疑。虽然经干燥后抗菌素已基本失活，但它在动物体内的富集，又影响到人类本身，使人产生耐药性等问题。

我国于 2002 年 8 月 23 日起，以禁止将干菌渣作为饲料生产和销售。目前，较合适的做法是将干菌渣添加一定量的无机肥，制成有机无机复混肥，用作肥料。但是，长期施用该种含有抗生素的肥料对于土壤环境、农作物以及人类的安全等方面的影响还缺乏相应的认识。

（4）抗生素菌渣属于危险废物

根据现行《国家危险废物名录》，抗生素生产过程产生的菌丝渣属于危险废物。我国对于危险废物的处置管理十分严格，虽然首先也要求立足于综合利用，但是对其处置过程的环境影响，最终产品是否存在安全隐患都要做出鉴定，而抗生素菌渣的综合利用方面尚缺乏技术支持，因此，目前我国抗生素生产企业处置抗生素菌渣的合法出路只有按照危险废物焚烧处置，由于抗生素菌渣具有产生量大，含水率高的显著特点，按危险废物焚烧有很大难度，能否进入生活垃圾焚烧炉进行焚烧处置是需要解决的问题。

3.4.3 抗生素菌渣焚烧处置技术的可行性分析

（1）常见抗生素的分子结构

表 3-22　常见抗生素的分子结构

抗生素名称	分子结构
瘦肉精（盐酸克伦特罗）	
左旋（四）咪唑	
磺胺甲嘧啶	
土霉素（氧四环素或地霉素）	
金霉素（氯四环素）	
甲苯咪唑	
新霉素	

抗生素名称	分子结构
链霉素	
拉沙里菌素	
伊维菌素	Component B₁ₐ　R=CH₂CH₃ Component B₁ᵦ　R=CH₃
苄青霉素（青霉素 G）	
2-甲基-5-硝基咪唑	
罗硝唑	

（2）常见抗生素的热稳定特性

由图 3-9 可知，在该模拟烹饪加热过程前后肉类残留抗生素活性的百分比分别为：洁霉素 80%，氟甲喹 69%，恩诺沙星 68%，新霉素 46%，泰乐霉素 44%，磺胺甲嘧啶 38%，螺旋霉素 15%；青霉素，阿莫西林，氨苄西林，邻氯青霉素，土霉素，强力霉素，多粘菌素，链霉素，磺胺甲基异恶唑等残留抗生素活性小于 10%。故上述条件下的灭菌加热过程并不能保证肉类残留抗生素的完全分解，且相同条件下不同残留抗生素的分解程度存在差异，即其热稳定性存在差异。

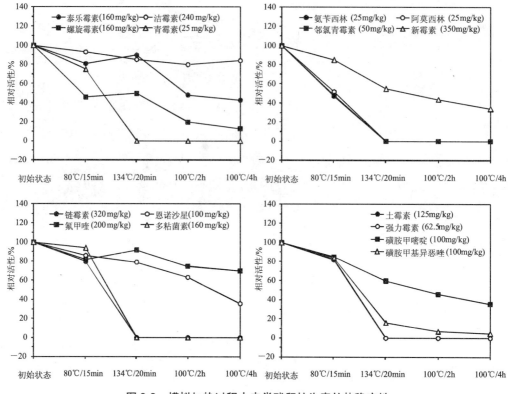

图 3-9　模拟加热过程中肉类残留抗生素的热稳定性

表 3-23 为文献中已报道的肉类残留抗生素在煮、烤和炸等烹饪加热过程中的热稳定性。其中土霉素、金霉素和青霉素 G 的稳定性相对较差，而瘦肉精（盐酸克伦特罗）、左旋（四）咪唑、磺胺甲嘧啶、甲苯咪唑、新霉素、链霉素、拉沙里菌素和伊维菌素等抗生素在烹饪加热过程中的热稳定性相对较高。

表 3-23　肉类食品残留抗生素的热稳定性

物质	热稳定性（煮、烤和炸等加热过程）
瘦肉精（盐酸克伦特罗）	稳定
左旋（四）咪唑	稳定
磺胺甲嘧啶	在 122℃ 稳定
土霉素（氧四环素或地霉素）	相对稳定，在 100℃ 不稳定
金霉素（氯四环素）	相对稳定，在 100℃ 不稳定（130℃ 条件下在骨头内残留金霉素相对稳定）
甲苯咪唑	相对稳定
新霉素	稳定
链霉素	稳定
拉沙里菌素	<100℃，稳定
伊维菌素	稳定
苄青霉素（青霉素 G）	不稳定
二甲硝咪唑和罗硝唑（硝基咪唑）	稳定

表 3-24 比较了传统低温长时间灭菌和快速高温短时间灭菌法处理过程中土霉素、四环素和强力霉素的热稳定特性。由表可知，传统灭菌法可以破坏>98%的抗生素残留（土霉素、四环素和强力霉素），而快速灭菌法则只可以破坏 15%～40%的抗生素残留。

表 3-24　土霉素、四环素和强力霉素的热稳定性

热处理	温度/时间	残留量/%		
		土霉素	四环素	强力霉素
低温长时间	118°C/30min	<1	<1	<1
（传统灭菌法）	121°C/20min	<1	<1	1.3
高温短时间	135°C/15s	56	76	84
（快速灭菌法）	140°C/7s	60	77	85

环境因素对于微生物、蛋白质和酶的稳定性存在较大的影响，比如 pH，水分活度和温度等。研究表明，在 100°C 条件下食品中残留抗生素的稳定性比水中或者溶液中残留抗生素高。如图 3-10 所示，在 100°C 条件下青霉素 G 分别在水、5%乙醇、5%碳酸氢钠和 pH=5.5 缓冲溶液中热稳定性。图 3-11 所示为在 65°C 水浴、140°C 和 180°C 油浴条件下青霉素 G 的稳定性随时间的变化曲线，即在 65°C 水浴中青霉素 G 相对稳定，而在 140°C 和 180°C 油浴中青霉素的残留量随时间快速降低，稳定性较差。

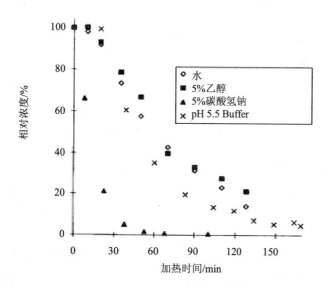

图 3-10　青霉素 G 的稳定性（100°C，水、5%乙醇、5%碳酸氢钠和 pH=5.5 缓冲溶液）

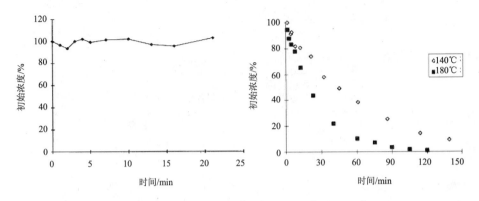

图 3-11　青霉素 G 的稳定性（65℃水浴、140℃和 180℃油浴）

（3）抗生素菌渣用做饲料和肥料处理存在的潜在风险

抗生素菌渣的传统处理方法是自然风干或者烘干后用作畜禽饲料，但是由于畜禽长期使用抗生素菌渣后，存在着抗药性、抗生素残留和畜禽免疫力下降等安全隐患，很多发达国家已经禁止在畜禽饲料中添加抗生素，故采用抗生素菌渣作为畜禽饲料存在极大的风险，应该严格禁止。即采用抗生素菌渣干燥后用作动物饲料是不可行的，对于人类和环境存在极大的抗生素污染风险。

抗生素菌渣的另一处理方法是将其发酵或者烘干后制成有机无机复合肥，用于农作物的肥料。根据抗生素的热稳定性可知，不同抗生素残留菌渣其残留抗生素的热稳定特性存在较大的差异，且绝大部分抗生素在温度为 100℃ 左右的稳定性较高，故采用发酵处理和简单烘干处理并不能保证菌渣中残留抗生素的去除。此外，目前针对抗生素菌渣的发酵和干燥后用于农作物肥料存在的抗生素环境风险的相关研究和认识缺乏，且没有相关的标准和技术规范，由此很难有效控制和评估菌渣中残留抗生素的长期环境风险。加之目前针对残留抗生素对土壤环境、土壤微生物和农作物及其品质等方面的影响还处于研究阶段，故认为采用抗生素菌渣作为土壤有机无机复混肥的处理方法存在较大的抗生素污染风险，该技术方案不可行。

（4）抗生素菌渣按照生活垃圾焚烧条件进行豁免处置的可行性

1）抗生素菌渣的特点：

我国是抗生素生产大国，其抗生素菌渣的产生量巨大，对于人类和环境存在较大的潜在危害性。抗生素菌渣造成环境污染的主要污染物质是残留抗生素和大量未稳定有机质等。由于抗生素是微生物或高等动植物在生活过程中所产生的具有抗病原体或其他活性的一类代谢物，甚至用化学方法合成或半合成的化合物，属于一类具有特殊功能的有机化合物。故采用焚烧的方法可以实现菌渣中抗生素和有机质等污染物质彻底的无害化处置。目前，世界各国一般将抗生素菌渣烘干后作为医疗废物进行焚烧处置，实现其无害化。

2）抗生素菌渣焚烧处置的条件控制

简单的烘干法和发酵方法并不能保证菌渣中的抗生素残留完全被去除，其中部分抗生素的热稳定性相对较高。故焚烧处理技术是实现抗生素菌渣无害化处置的最彻底方法，从技术上可行。但是，抗生素菌渣含水量较高，存在生产过程中引入的 Cl 离子，在焚烧过程中若不控制好操作条件可能会导致二噁英等物质的产生，形成二次污染。

影响二噁英 PCDD/Fs 生成的因素主要包括：氯源、温度、停留时间、炭源、催化剂、飞灰、氧源和水分等。

氯源：抗生素菌渣中的氯含量为二噁英的形成提供氯源。常见氯源可分为有机氯源（聚氯乙烯塑料（PVC）、氯苯和氯酚等）和无机氯源（HCl，Cl_2，KCl，NaCl，$MgCl_2$，$CuCl_2$，CuCl 和 $FeCl_3$ 等）。研究表明，二噁英的生成量与氯源浓度密切相关，即随着垃圾中氯源浓度的增加，焚烧产生总 PCDD/Fs 也呈现增加。

焚烧温度：焚烧温度优化是控制二噁英产生的有效途径。研究结果表明，二噁英的生成的温度范围是 250～500℃，最佳生成温度范围是 300～450℃，破坏温度是 700℃。当温度＞850℃，停留时间＞2 s 时，PCDD/Fs 焚烧去除率＞99.99%；当温度为 500～800℃时，会促进 PCDD/Fs 的产生。即焚烧温度＞900℃时，会破坏 PCDD/Fs 的产生；温度在 1 070℃ 左右时，几乎无 PCDD/Fs 存在；温度超过 1200℃时，会产生 NO_x 腐蚀设备。

停留时间：研究表明，在 1 000℃、停留时间 1s 条件下，99.999 9%的二噁英能够分解，在 850℃条件下，二噁英分解率达 99.99%的时间为 1.7s。因此，在固体废物焚烧过程中，延长含灰烟气在高温炉膛区的停留时间，则能有效地遏制二噁英生成。

综合分析抗生素菌渣的特性和焚烧过程的污染物排放控制，推荐采用医疗废物焚烧技术（焚烧炉温度≥850℃，烟气停留时间≥2.0s，焚毁去除率≥99.99%，焚烧残渣的热灼减率＜5%）即可满足抗生素菌渣焚烧中关于微生物灭活、有机质分解和污染物排放等方面的无害化要求，而不必采用更加严格的危险废物焚烧技术指标（焚烧炉温度≥1 100℃，烟气停留时间≥2.0s，焚毁去除率≥99.99%，焚烧残渣的热灼减率＜5%）。

综上所述，含抗生素类废弃物由于其易感染特性被定义为危险废物，其处理处置和管理方式应按照危险废物的相关规范和标准来进行管理。但是，通过分析抗生素菌渣的特性可以发现，其易感染特性与医疗废物类似，需要对其进行灭活处置，故可以采用医疗废物的焚烧处置方式对抗生素菌渣进行处置。医疗废物焚烧的处置条件是焚烧炉温度≥850℃，烟气停留时间≥2.0 s，而生活垃圾焚烧炉可以实现上述焚烧条件，故认为抗生素菌渣可以参照医疗废物的焚烧处置方法采用生活垃圾焚烧炉进行处置，其焚烧处置条件控制为：焚烧炉温度≥850℃，烟气停留时间≥2.0s。但在抗生素菌渣贮存、包装、运输、焚烧厂内部管理上，要严格实行危险废物管理的相关制度，减少环境风险。

第4章 我国危险废物豁免管理体系的建议

4.1 进一步深入研究环境风险评价技术

危险废物豁免管理的依据是风险评价，因此提高风险评价的技术水平，保证风险评价结果的科学性和可靠性，是确保危险废物豁免管理科学性的前提。但在研究中发现，我国在环境信息数据的收集、归纳上存在着不足，这很大程度上影响了风险评价的准确性和精确性。因此，应加快我国环境基础数据库建设，为危险废物的环境风险评价提供必要的基础数据。

4.2 拓展研究的废物种类和区域

由于不同类别的危险废物的污染特性及管理方式差异性很大，而且不同区域的环境参数也有差别，这些差别最终会对风险评价的结果造成较大的差异，因此，应进一步拓展研究的废物种类和区域，提出普适性的危险废物豁免管理标准。

4.3 进一步简化豁免管理申报过程

对于具体的危险废物类别，开展豁免管理的条件是开展环境风险评价，这就要求企业开展风险评价的研究，这为危险废物豁免管理的应用带来一定难度。

可通过对风险评价参数的敏感性分析，简化风险评价过程，甚至将评价参数与评价结果的关系简单地定量化，这样在申报豁免管理过程中，企业只需提供直接可以获取的数据即可，而无须开展风险评价，简化危险废物豁免管理申报与审核的程序并降低技术难度。

4.4 建立分级的豁免标准

目前在缺少参数的条件下，按风险最大化即管理最差的场景建立的单一场景开展风险评价，然后确定豁免管理标准，提出的豁免标准相对较严格。为解决这种不足，可以通过对暴露场景进行分级，即建立多种暴露场景，然后针对不同的场景提出相应的豁免标准。

4.5　危险废物豁免管理保障机制建立

危险废物豁免管理在国外虽已有一定的发展，但在我国危险废物管理体系和管理理念中仍是新鲜事物。根据研究结果建立的危险废物豁免管理体系也仍处于初级阶段，为推进豁免管理在我国危险废物管理中应用，除了需要不断完善危险废物豁免管理技术体系，同时也应该建立相应的保障机制。危险废物豁免管理保障机制的建立，应包括建立健全我国相应的法律和政策，充分运用经济杠杆，以及加强宣传教育等方面。

（1）完善法律法规体系

我国目前的危险废物管理体系中，涉及危险废物豁免管理的条文极有限，仅在危险废物名录中有一条原则性的规定"对来源复杂，其危险特性存在例外的可能性，且国家具有明确鉴别标准的危险废物，本《名录》标注以'*'。所列此类危险废物的产生单位确有充分证据证明，所产生的废物不具有危险特性的，该特定废物可不按照危险废物进行管理。"

可见，我国的危险废物豁免管理还处于起步阶段，到目前为止未建立较为具体、可操作性强的规章制度作为危险废物豁免管理的法律依据。因此，以本研究为契机，逐步建立和完善我国危险废物豁免管理的法律法规体系，如危险废物豁免技术规范、危险废物豁免标准、危险废物豁免管理办法等，使危险废物豁免管理有法可依。这一系列法律法规的建立和完善对推进我国危险废物豁免管理、完善我国危险废物管理体系具有重要作用。

（2）加强能力建设

能力建设包括完善危险废物豁免管理职能建设和加强环保部门管理人员能力建设。各级环保部门应配备专门的人员负责危险废物豁免管理的申请、审核及其后续的监管。同时应通过进修、培训等途径提高管理人员的危险豁免管理能力。加强各职能部门间的协作，地方环保局和固体废物管理中心应与其他相应管理部门建立协作机制，在危险废物豁免管理的申报、审核和监管中共同协作。

（3）制定鼓励政策

危险废物豁免管理在确保风险可控的前提下，可以促进产生单位、管理部门集中现有的管理能力对重点危险废物进行更有效的管理。对危险废物产生单位而言，申请危险废物豁免管理后，能减小企业的经济负担，这会促进企业申报危险废物豁免管理。此外，由于危险废物的豁免管理需要申请和审核过程，对那些危险废物产生量小的单位，申报危险废物豁免管理的积极性可能不够。因此，可以通过建立政策鼓励符合申请条件的产生单位申报危险废物豁免管理，例如将危险废物豁免管理纳入"环境标志认证"、"清洁生产审核"的技术条件之一。

（4）危险废物豁免管理监控体系建立

危险废物的特性多变，导致其危险特性变化也很大，为保证豁免管理后危险废物的环境风险在可控和可接受范围内，需建立和不断完善危险废物豁免管理的监控体系。该体系包括对危险废物产生工艺进行周期性监察，对危险废物产生数量和危害特性进行不定期监控和分析，对豁免管理危险废物的管理方式进行监督等。

（5）加强宣传教育

结合机构能力建设，对环境保护管理部门的政策制定者和决策者开展危险废物豁免管理技术培训，加强危险废物豁免管理相关决策和管理能力。

对危险废物产生企业加强有关危险废物豁免管理意义的宣传，加强危险废物豁免管理执行的培训，提高企业对危险废物豁免管理的认知度。

对公众要大力宣传危险废物豁免管理的意义，科学解释危险废物豁免管理后产生的风险是可控和可接受的，消除公众对危险废物豁免管理后会增加环境污染的担心。